本书获得三明学院学术著作出版基金、福建省高等学校人文社会科学研究基地——低碳经济研究中心及福建海洋经济绿色发展创新团队开放课题（KF03）的资助

闽江源 生态补偿 机制研究

李军龙 ◎ 著

RESEARCH ON THE ECOLOGICAL COMPENSATION
MECHANISM OF MINJIANG-SOURCE IN CHINA

经济管理出版社
ECONOMY & MANAGEMENT PUBLISHING HOUSE

图书在版编目（CIP）数据

闽江源生态补偿机制研究 / 李军龙著. -- 北京：
经济管理出版社，2025. -- ISBN 978-7-5243-0200-1

Ⅰ．X321.2

中国国家版本馆 CIP 数据核字第 2025C4V157 号

组稿编辑：杜　菲
责任编辑：杜　菲
责任印制：许　艳
责任校对：王淑卿

出版发行：经济管理出版社
　　　　　（北京市海淀区北蜂窝 8 号中雅大厦 A 座 11 层　100038）
网　　址：www.E-mp.com.cn
电　　话：(010) 51915602
印　　刷：唐山玺诚印务有限公司
经　　销：新华书店
开　　本：720mm×1000mm/16
印　　张：15.25
字　　数：233 千字
版　　次：2025 年 5 月第 1 版　　2025 年 5 月第 1 次印刷
书　　号：ISBN 978-7-5243-0200-1
定　　价：88.00 元

前　言

　　为了增强重点生态功能区的生态服务功能和生态安全，我们在主体功能区规划中明确列出禁止开发区域共有 1164 处，限制开发区域有 22 处，并对重点生态功能区所处的县进行了大量的财政转移支付，作为当地政府和农户保护生态的补偿。各地政府也依托自身资源禀赋对生态补偿进行了大量的实践探索，但生态补偿能否实现生态保护和区域经济的发展，其理论逻辑和作用机制尚需进一步探究，生态补偿实践中的"补给谁、谁先补、谁来补、怎么补、补多少"等核心问题还需进一步解决。

　　本书选取闽江源为研究样本，闽江源位于福建的西北部，主要范围为三明市下辖的三元区、沙县区、永安市、明溪县、清流县、宁化县、建宁县、泰宁县、将乐县、尤溪县和大田县 11 个市县区，总面积为 2.29 万平方千米，境内以中低山及丘陵为主，山多林多，森林覆盖率达 76.8%，是福建的绿色宝库。考虑到资料的收集和分析，本书中闽江源特指三明市。

　　此外，本书将闽江源作为生态补偿机制研究的对象及现实案例分析，其主要原因是：第一，生态区位重要。闽江源是福建的重要生态功能区、水源涵养地和东南生态基因库，2012 年福建编制的《福建省主体功能区规划》中将三明市大部分区域划分为主要生态功能区和限制开发区，这个区域生态建设工作对整个东南沿海起到决定性作用。第二，具有典型的代表性。闽江流域是我国最早实施生态补偿的地区，同时，闽江源属于苏区老区和东部发达地区的欠发达地区，我国绝大部分主体生态功能区的区域经济发展也相对滞后，因此，研究闽江源生态补偿对区域经济发展和农户的增收效应具有一定的典型性和代表性。第三，提供丰富的研究案例。

三明市是集体林权制度改革的排头兵，不断创新林权制度改革，先后推行"福林贷""林票制""林业碳汇"等制度改革，为研究生态补偿机制提供了更多的案例。因此，探究闽江源生态补偿机制与政策，可为促进生态保护和经济发展提供参考。

本书主要研究内容共有六部分，具体研究内容和观点如下：

第一，梳理理论逻辑。主要阐述生态补偿促进经济发展的作用机理。主体功能区通过生态补偿财政转移支付直接补偿，扶持生态产业发展，优化生产要素配置和提供就业创业机会等方式促进经济发展；并以制度约束和生态补偿等手段激励地方政府和农户减少对生态环境有严重负外部性的经营行为，促进生态环境保护和可持续发展；经济发展与生态环境保护之间存在相互影响。

第二，探讨"补给谁"的问题。主要分析了闽江源的经济发展状况，由于保护生态环境，闽江源失去了发展机遇，也影响当地居民收入，导致城乡之间、城镇内部和农村内部居民间收入差距较大。2005～2022年，该地区城乡之间收入差距最大，收入差距情况较为严重。闽江源内部经济发展有明显的收敛性，最后达到均衡发展状态。

第三，探讨"怎么补"的问题。主要对闽江源生态补偿进行案例分析和实证研究。闽江源从生态保护建设项目、生态产业发展和林权制度改革等方面进行了生态补偿的探索实践，主要通过现金直接补偿，提供就业岗位，发展生态产业和林地流转抵押、入股等方式实现经济发展。不同生态补偿对农户的增收效应也不尽相同，岗位性补偿和技术性培训对农户工资性增加效应显著，林权抵押对农户的家庭收入和经营性收入有显著的增收效应，现金补偿和生态移民补偿对农户工资性收入和转移性收入均有显著的正向影响。虽然农户对现行生态补偿较为满意，但还存在补偿标准偏低、资金筹措较难、管理制度不科学、市场化机制不完善、公众参与度低、补偿对象瞄准不精准、补偿考核制度较为单一、生态环境保护的补偿体系尚未形成等诸多问题。

第四，探讨"谁先补"的问题。对闽江源生态环境可持续性发展状况进行评价，并对生态补偿优先次序在空间上进行划分。闽江源生态环境可持续发展水平不平衡，生态效率呈现"东高西低"的空间分异变化，市区为高地，具有典型的聚集效应，核密度函数分散且呈单峰状态，右尾延长度明显增长。2005~2022年，闽江源81.2%的县（市、区）生态效率处于低效率水平，年均以4.08%的速度增长。不同县（市、区）生态环境承载力变化趋势不同，基本保持稳定态势，保持在0.81上下。优先补偿区主要分布在沿河流域、武夷山脉和戴云山脉，主要包括建宁县、泰宁县、明溪县、将乐县、大田县和尤溪县等县。

第五，探讨"补多少"的问题。分别用条件价值评估法（CVM）、生态服务价值估算、机会成本法及修正后的多方法综合模型对闽江源生态补偿额度进行估算，四种方法估算的2015年的补偿额度分别为8.01亿元、180.65亿元、4.77亿元和9.15亿元，生态服务价值估算的补偿额度最大，机会成本法测算的补偿额度最小，考虑到经济发展和协调多方利益等诸多因素，认为多方法综合评估的9.15亿元为2015年闽江源生态补偿的"合理补偿量"。

第六，综合探讨"补给谁、怎么补、谁来补、谁先补、补多少"的问题。根据上述研究结论，构建了闽江源生态补偿机制并提出了参考性政策建议。秉承"政府主导、市场运作、社会参与，补偿先行、坚持经济、共富并重，因地制宜、重点突出、循序渐进，共建共享、多元参与、多赢发展，权责一致、区域公平、公正公开"五大原则。构建"政府驱动、综合补偿、多元化市场化、公众参与、差异化、科学管理"六大机制。并提出以下五点政策参考建议：一是提高生态补偿标准，实行分类补偿措施；二是立足生态资源优势，促进生态产业发展；三是深挖生态产品价值，推动自然资本证券化；四是提供就业创业机会，加大劳动力转移力度；五是完善考核考评体系，实施奖惩激励制度。

目　录

第一章

导 论

第一节 问题研究的缘起

一、研究背景

随着科技水平的不断提高，人类利用自然和改造自然的能力逐步增强，促进了社会生产力的快速发展。人类在享受生态资源环境带来的红利时，往往忽视了生态环境的承载力，从而导致生态环境遭受巨大的破坏，引发全球性的生态危机。诸如气候变暖、环境污染、生态退化等生态环境问题，给人类的生存和发展带来了严重的威胁。因此，如何破解经济社会发展与生态环境保护之间的矛盾越来越成为人类关注和研究的焦点。

为加强生态环境保护，推动我国永续发展，我国大力实施生态文明建设，在 2010 年编制了《全国主体功能区规划》，并在党的十八大把生态文明建设纳入"五位一体"的总体布局，习近平总书记指出："要把生态环境保护放在更加突出位置，像保护眼睛一样保护生态环境，像对待生命一样对待生态环境"，生态文明建设是实现"机制活、产业优、百姓富、生态美"的必然之路。建立健全生态补偿是建设生态文明的重要抓手。

福建作为我国首个国家生态文明试验区和最先开始实施生态省建设的省份，肩负着开展生态文明体制改革综合试验的重任，而生态补偿改革实践探索即是一项重要任务。闽江源是我国南方的重点林区和福建重点生态保护区，也是最早实施流域生态补偿的地区。因此，选取闽江源作为生态补偿机制研究区域，具有一定的代表性和典型性。

二、问题的提出

生态环境保护严重制约着当地社会经济的可持续发展，为实现生态环境高素质、经济发展高质量、人们生活高品质的愿景，我国将生态补偿作为破解经济社会发展与生态环境保护矛盾的重要政策手段。我国各地政府也依据自身的资源禀赋对生态补偿进行了大量的实践探索。生态补偿既可以实现生态环境保护，也可以推动地方经济发展，从而实现生态保护和社会经济发展的双重目标，但尚需进一步研究。

长期生活在生态保护区的农户因为肩负着国家生态安全和供给生态服务的重任，从而制约其对生态资源进行高强度开发和利用，失去了发展机会，导致当地经济发展滞后。生态保护区农户为追求富裕生活，难免出现居民为提高收入过度利用自然资源的现象，容易导致生态环境的破坏。因此，深入研究主体功能区生态补偿机制与政策，为制定生态环境保护与经济协同发展政策提供有益参考。因此，本书试图解决以下几个关键问题：

一是生态补偿究竟能否实现生态保护和经济发展的双重目标？生态补偿促进农户增收的作用机理究竟是什么？

二是解决"谁来补、补给谁、谁先补"的问题。在主体功能区，生态补偿的主客体是谁？生态环境保护的准确范围在什么地方，如何界定？哪些地方优先补偿，哪些地方次优补偿？用什么样的科学方法识别？

三是解决"怎么补、补多少"的问题。哪些补偿方式能促进农户增收？不同补偿方式对农户的增收效应如何，能否实现生态保护和经济增长协同发展？应该采取什么样的补偿方式，补偿多少比较合适？

三、研究意义

保护生态环境和经济发展是当前研究的热点问题。生态补偿政策是实现生态环境保护和促进经济发展的主要途径，也是实现保护区农户增收的重要措施。为此，研究生态补偿机制与政策具有重要的理论意义和实践意义。

本书着力解决生态补偿中"补给谁、怎么补、谁来补、谁先补、补多少"的现实问题。首先，通过对闽江源经济发展现状的分析，发现由于闽江源居民保护生态而失去了发展机遇，居民存在收入减少问题，进而精准识别出闽江源生态保护的区域范围。其次，构建闽江源生态补偿分级模型，并制作了闽江源生态补偿分级图。再次，对闽江源生态补偿实践案例剖析和实证研究，梳理出闽江源适宜的生态补偿方式。又次，用多种方法估算了闽江源生态补偿额度，并构建了能够估算闽江源"合理补偿量"的多方法综合估算模型。最后，结合本书的相关结论，提出了相应的政策建议。本书研究既有利于促进闽江源生态环境保护和经济发展的提升，也为闽江源制定生态补偿政策提供了参考。

本书研究试图从以下几个方面对生态补偿进行延伸：

第一，现有研究并未厘清生态补偿的内涵和作用机理，生态补偿体系尚不完善，尤其是主体功能区生态补偿机制的诸多关键环节尚未突破。因此，还需进一步厘清主体功能区生态补偿的内在逻辑关系及生态补偿的作用机理，建立一个比较全面、系统、多元化、市场化、可操作性的生态补偿机制的理论体系，丰富生态补偿的理论体系。

第二，国内外对生态补偿实践进行了大量的探索，各级政府在生态产业、林业碳汇、生态建设、生态环境治理等诸多方面的实践探索，为研究闽江源生态补偿提供很好的借鉴价值。但在操作层面上，不同区域不同资源禀赋下的生态补偿措施也不尽相同，且生态补偿仍然存在着"补偿主体不够明确，补偿优先顺序不够科学"等诸多的现实问题。因此需要进一步研究和明确"补给谁、怎么补、谁先补"的现实问题。

第三，在生态补偿标准的制定上，现有研究中生态补偿的补偿标准估算多采用生态系统服务功能价值估算法、意愿调查价值评估法（CMV）、机会成本法、影子工程法、市场价格法和当量因子法等多种方法进行估算。各种方法测算的补偿标准差别较大，尤其是生态服务价值估算法评估的生态补偿标准非常大，一般是当地GDP的几倍，在实际操作时存在较大的困难。意愿调查价值评估法是根据生态服务受益者的支付意愿核算，也存在较大的偏误，引发对生态服务提供者的不公平。机会成本法是目前实施生态补偿经常采用的一种方法，但也存在补偿标准偏低等诸多问题。在实践过程中，很少综合考虑经济的发展和地方政府因保护生态而失去的机会成本，补偿标准普遍偏低，存在"补偿标准不太科学合理"的现实问题。因此，需建立一个动态的、科学的、普适性的生态补偿标准模型，制定科学合理的可操作的生态补偿标准，解决"补多少"的现实问题。

第四，通过文献梳理发现，部分学者提出了生态补偿可以实现生态环境保护与经济发展的双重目标，也有学者从理论上分析了生态补偿对农户的增收效应，但对生态补偿对农户的增收效应进行实证分析却凤毛麟角，并且生态补偿因补偿方式、补偿对象、补偿区域的不同，其增收效应也有不同。本书研究以闽江源为例，实证分析不同生态补偿方式对农户的增收效应，丰富我国生态补偿的理论与实证研究。

第五，国外生态补偿实践已较为完善，尤其是欧美等发达国家的生态补偿已经基本成熟，在法律层面对生态补偿的投入有明确的要求，也对投入主体、标准、形式等均有详细规定，但地域之间有差别，生态补偿标准略有不同。虽然我国也进行了大量生态补偿的实践探索，但与发达国家相比仍然处于起步与发展阶段，还需要进一步完善相关的法律保障体系和配套制度，尤其是社会公益组织和民间资本进入生态补偿极少，民众的参与度不高，激励民间资本投入和参与生态补偿的相关机制尚不完善等诸多问题。因此，生态补偿的机制还需要进一步完善。

鉴于此，本书通过文献和实践案例的梳理，归纳出生态补偿的作用机理，选取闽江源为研究样本，构建生态环境保护和生态补偿优先等级划分的指标体系，用 GIS 进行可视化分析，探索一套具有可操作性、普适性、可视化生态补偿等级分布图的制作和补偿标准测算的方法，核算出适合的可操作的闽江源生态补偿标准，构建能推动生态保护和区域经济协同发展的生态补偿机制和政策建议。试图为实现主体功能区生态环境保护提供理论依据，也为闽江源生态补偿实施提供参考。

第二节 生态补偿研究进展

20 世纪 60 年代，John Krutila 提出自然资源价值的概念，为自然资源服务功能的价值评价奠定了基础。SCEP（Study of Critical Environment Problems，关键环境问题研究小组）在 1970 年首次提出生态系统服务功能的概念，同时列举了生态系统对人类的环境服务功能。这些学者对生态服务价值及其核算的研究为实施生态补偿提供了理论基础，但尚未明确提出生态补偿的概念。直到 20 世纪 90 年代，国外学者对生态补偿的认识才渐趋明朗。认为生态补偿是通过对遭受破坏的生态系统进行修复或者进行异地重建来弥补生态损失的做法。

一、生态补偿研究进展

关于生态补偿的研究主要集中在生态补偿的内涵、价值的估算、补偿的类型、补偿的方式、生态补偿的评价和效应以及生态补偿实践的探索等方面。

（一）生态补偿内涵的研究

关于生态补偿的内涵，不同的学者从不同的视角进行了阐述。最早的生态补偿（Payments for Environmental Services/Payment for Ecosystem Services，PES）是指用环境付费或生态服务付费的方式对生态环境保护者进行补偿，其目的是通过市场经济调节手段调动生态环境保护者参与保护环境的积极性，以达到保护生态环境的目的（中国21世纪议程管理中心可持续发展战略研究组，2010）。生态补偿是对自然生态服务商品化后在自然资源交易市场根据双方的需求对拥有的自然资源按价交易，从而减少人们的外部性活动（Neera & Singh，2015）。Wunder（2008）则认为生态补偿是为增加自然资源的生态系统服务，在所制定的自然资源管理规则下生态服务供求双方进行的一种自愿交易。我国学者毛显强等（2002）认为生态补偿是通过对损害或保护资源环境的行为进行收费或补偿，提高该行为的成本或收益，从而激励损害或保护行为的主体减少或增加因其行为带来的外部不经济性或外部经济性，以达到保护资源的目的。贾若祥和高国力（2015）、李文华和刘某承（2010）认为生态补偿是通过制度安排和政府行为，形成生态保护区与生态受益区及其相关区域之间利益的调整，来达到保护生态环境和促进人与自然和谐发展的目的。赵雪雁等（2012）认为生态补偿是为生态环境投资和保护者争取一定的经济回报，有效减少人们在对自然环境这一社会公共产品消费时产生的"搭便车"等不良现象，激励民众积极保护自然生态环境的一种经济制度。Pagiola等（2008）认为生态补偿是为提高自然资源管理者提供生态系统服务积极性而给予的特定补助。张诚谦（1987）认为生态补偿就是人们从自然资源获取自身利益的同时拿出一定比例的资金进行环境修复，从而维护整个自然界生态系统的动态平衡。李国志（2019）指出生态补偿是为了有效应对生态环境的外部性特征，协调相关主体之间的利益冲突，从而加快生态文明建设的一种补偿机制。Cowell（2000）认为生态补偿是为纠正自然资源过度开发或弥补环境损失所提供的积极措施。乔旭宁等（2016）认为生态补偿是用制度重新配置生态环境资源，来调整和改善自然资源开发利用或生态环境保护领域中生态服务功能的主客体之间的利益关系，实现各利益主体之间的公平与和谐，达到人地和谐发展的目标。汪劲（2014）认为生态补偿是采用行政和市场等手段，让生态保护受益者或生态损害者向生态环境保护者、受损者支付金钱、物质或提供其他非物质利益等方式，来弥补其成本支出、发展权和其他相关损失的行为。徐素波（2020）认为相关团体或个人在合法前提下因过度开发利用使生态环境受到了一定的损害，在利用市场、行政等方式合理确定生态损害的基础上，向利益受损方或所有者支付一定的补偿金来弥补其损失的行为。王前进等（2019）认为生态补偿是指在经济学和生态学理论的基础上，环境受益者向服务提供者支付一定的费用来提升民众保护环境积极性的一种补偿机制，其应该由惩治负外部性的特征逐渐向正外部性特征转变。

国内外学者从多个角度对生态补偿的概念进行了定义，其本质核心内涵是遵循"谁受益、谁付费"的原则，通过市场交易手段，由生态服务的受益者为生态服务的提供者进行付费，从而激励生态补偿相关利益者对生态环境进行保护。生态补偿概念的厘清为后续的研究奠定了基础，也为生态补偿实施提供了理论依据。

（二）生态补偿标准的估算

生态补偿价值估算是生态补偿标准制定的重要依据。国内外学者采用不同方法对不同尺度的、不同类型的生态系统的生态补偿价值进行了评估，从现有文献来看，主要从以下几个方面开展评估研究：

1. 用生态系统服务功能价值估算

生态系统服务概念于 1974 年由 Holdren 和 Ehrlich 首次提出后，国内外学者用对生态系统服务价值的评估展开了广泛的研究。Daily（1997）评估了不同类型生态系统的服务功能价值。Costanza 等（1997）科学定义了生态系统服务功能，制定了全球生态系统服务功能价值量表，并估算出全球生态系统服务功能价值平均每年为 16 万亿~54 万亿美元。Wilson 和 Carpenter（1999）对美国 1971~1997 年淡水、森林等生态系统的生态系统服务价值进行了评估。1993 年、2003 年和 2012 年，联合国统计署（UNSD）先后发布并修订了《综合环境与经济核算体系（SEEA）》绿色国民经济核算框架体系。Obst 等（2004）在此框架基础上，将生态系统划分为生态系统资产与生态系统服务，并对生态系统的实物量和价值量进行核算。有些学者采用生态系统服务评估与权衡模型（InVEST）对生态服务价值进行评估和预测，并实现评估结果的可视化（Haunreiter & Camerson，2001；Tallis & Polasky，2009）。我国学者谢高地等（2015）在 Costanza 态系统服务功能价值量表的基础上，增加了 NPP、降水和土壤保持调节因子，制定了适合我国生态系统服务价值量表，并估算出 2010 年我国不同类型生态服务的总价值为 $38.1×10^{12}$ 元。欧阳志云等（2013）提出了生态系统生产总值核算（GEP）的概念，即生态系统为人类福祉和经济社会可持续发展提供的产品与服务价值的总和，构建了生态生产总值的方法和指标体系，并以贵州省为例，核算了贵州省 2010 年的生态系统生产总值为 20013.46 亿元，人均 GEP 为 57526 元，是当年该省国民生产总值和人均 GDP 的 4.3 倍。王金南等（2018）遵从 SEEA 框架体系，构建了经济—生态生产总值（GEEP）综合核算指标，并利用所构建的 GEEP 指标核算出我国 31 个省份 2015 年的 GEEP 为 $122.78×10^{12}$ 元，是 2015 年 GDP 的 1.7 倍。有些学者深入探索自然资源理论的研究，编制自然资源负债表，并通过生态损益核算生态系统服务价值（何利等，2020；杨世忠等，2020；张婕等，2020）。胡运禄和张明善（2024）对中国湿地生态价值进行评估，2018 年我国湿地生态价值总量为 18.36 万亿元。罗万云等（2024）基于生态服务价值构建额尔齐斯河流域生态补偿标准测算框架，运用最小二乘虚拟变量模型确定流域补偿标准，采用补偿优先级判别方法对流域补偿空间选择问题进行分析。严有龙等（2021）用 InVEST 模型对闽江流域生态服务价值进行估算，2015 年生态系统服务价值为 2788.27 亿元，其中水源供给服务价值占比达 61.91%，水质净化服务价值仅占 0.16%，按生境质量调整后生态系统服务价值为 2827.05 亿元。

2. 用条件价值评价法（CMV）估算

条件价值评价法（CVM）是通过非结构化访谈调查估计非市场物品价值的一种评价方法（Ciriacy-wantrup，1947，1952）。1963 年，Davis 首次将此方法应用到生态资源价值的评估后被广泛应用。Morana 等（2007）采用 CMV 法测算了苏格兰地区居民对生态补偿的支付意愿。有些学者用 CMV 探究了流域居民生态服务的支付意愿及其影响因素，居民支付意愿存在显著的异质性（Morana et al.，2007；Van-hecken et al.，2012；Moreno-sanchez et al.，2012；Carige et al.，2016）。我国学者史可寒等（2020）用条件价值评价法（CVM）估算了广西西江流域生态补偿标准为人均 WTP 值 135.82 元/人·年。敖长林等（2019）用条件价值评价法对三江平原湿地生态保护区生态补偿标准估算为 112.495 元/人·年。刘叶菲等（2023）对安徽扬子鳄国家级自然保护区内居民的生态补偿支付意愿进行研究，捐款方式下居民的平均支付金额为 112.67 元/年·户、投工或者投劳方式下居民的平均支付金额为 630.25 元/年·户。

3. 用机会成本法估算

我国学者段靖等（2010）在对流域生态补偿标准核算时提出了基于分类核算的机会成本核算的方法，并建立了流域生态补偿直接成本核算的一般性框架与方法。赖敏和陈凤桂（2020）用机会成本法选取全国 8 个省（市）14 个国家级海洋自然保护区开展生态补偿测算，估计补偿标准介于 $0.66×10^4 ~ 10.69×10^4$ 元/平方千米。林秀珠等（2017）用机会成本法估算的闽江流域下游对上游的补偿金为 1.47742 亿 ~ 3.24250 亿元。赵建国和刘宁宁（2024）探索了一种能够充分体现"利益共享、责任共担"原则的区际协同生态补偿标准测算方案，并建立了区域资源环境负担清单，作为生态补偿标准界定的价值基础。

虽然国内外学者采用不同的方法对不同地区的生态补偿价值进行了估算，为生态补偿价值的估算提供了可行的方法和理论依据，但是不同方法测算的生态补偿标准差异较大，在实际操作中还存在诸多的困难，对主体功能区生态补偿价值的估算研究相对较少。

（三）生态补偿类型

现有研究主要从生态补偿的对象和补偿资金来源两个方面进行了研究。生态补偿根据补偿对象不同可以分为森林、流域、保护区、湿地、矿山、海洋、草原和水源地等。中国生态保护补偿机制与政策研究课题组（2007）探讨了中国建立生态补偿机制的国家战略框架和理论方法，并对流域、矿产资源开发、森林和自然保护区等生态补偿的重点领域进行了深入研究。Kosoy 等（2007）用三个案例对流域生态补偿进行比较分析。朱仁显和李佩姿（2021）构建了影响跨区流域生态补偿横向协同效果的动力模型，以建立跨区流域生态补偿协同治理机制的 13 个流域试点为案例进行测算。王西琴等（2020）研究了流域生态补偿分担模式。Alix-Garcia 等（2008）、刘璨和张敏新（2019）探讨了森林生态补偿的关键问题。聂承静和程梦林（2019）用边际效用理论来解释森林生态补偿。冯晓龙等（2019）研究了草原生态补偿政策对草原牧户超载过度放牧行为的影响机理。李国志和张景然（2021）对矿产资源生态补偿的有关问题进行了探讨。蔡玉莹和于冰（2021）对嵊泗马鞍列岛海洋保护区生态补偿进行了研究。综上可得，目前对主体功能区生态补偿的研究相对较少。

生态补偿按补偿资金来源可以分为政府出资的生态补偿、市场化生态补偿和多元化生态补偿等。政府出资的生态补偿又分为纵向生态补偿、横向生态补偿和对单位集团或个人的生态补偿；市场化生态补偿主要有 PPP 模式、水权交易、碳排放交易、排污权交易、森林赎买、碳汇交易、绿色金融和信托基金等多种生态补偿模式；多元生态补偿主要指由政府为主导、企业和社会组织参与的生态补偿（靳乐山等，2019）。王德凡（2017）对我国典型生态补偿方式分析后，认为构建现代生态补偿机制时要以生态产品为依托，建立生态服务交易市场，实施市场化生态补偿机制。李飞（2019）在对流域、矿产资源和保护区的横向生态补偿机制分析的基础上提出了补偿对策。盛文萍等（2019）综合考虑生态系统的立地环境、区域定位和资源稀缺度等因素，构建差异化的生态公益林生态补偿方案。汤明和钟丹（2011）在对鄱阳湖流域生态补偿分析的基础上提出了生态共建共享的生态补偿模式。郝春旭等（2019）对赤水河流域调查后提出了水基金信托的市场化生态补偿。Sand 等（2014）探讨了碳排放交易的市场化生态补偿。王权典（2016）认为横向生态补偿要设立区际生态补偿专项基金。王雅敬等（2016）以贵州省江口县地方重点生态公益林保护区为例，研究了生态公益林补偿方式。牛坤玉等（2024）提出了农业生态补偿的内涵、要素特征与政策创设。

虽然现有研究从草原、森林、流域和农业等多个方面对生态补偿进行了研究，为生态补偿奠定了理论依据，但对主体功能区生态补偿的研究还相对较少。

（四）生态补偿实施绩效评价

自生态补偿政策实施以来，引起国内外学者对生态补偿政策实施成效的关注，并采用定性和定量的方法从生态环境保护和满意度两个视角对不同生态补偿实施效果进行大量的实证分析和研究，其评价结果褒贬不一。

1. 生态补偿政策实施的绩效评价

有部分学者认为生态补偿政策的实施对生态保护起到了显著的效果。例如，哥斯达黎加的生态服务补偿项目使全国森林覆盖率增加 10%（Pagiola et al.，2008）。支玲等（2017）构建了西部天宝工程区生态公益林评价指标体系，并用层次分析法进行评价，结果证实了林业生态补偿制度能够有效地促进生态资源环境和社会经济效益共同增长。徐大伟和李文武（2015）在对生态补偿绩效评价的必要性与理论意义论证的基础上对区域生态补偿绩效进行评估，结果表明生态补偿政策效应逐渐趋于收敛，证实了补偿政策实现了生态保护的实际效果。景守武和张捷（2018）以新安江流域为研究对象，利用 2007~2015 年地级以上城市面板数据研究了横向生态补偿对水污染排放强度的影响。研究发现，跨省流域横向生态补偿机制可以有效地促进流域生态环境的改善，是中国推进流域治理以及环境治理和生态文明建设的重要制度创新。草原生态补偿的实施有利于保护和恢复草原植被，促进牧业生产方式的转变和民族地区的和谐稳定，有利于牧业生产和草原保护可持续协调发展（周升强和赵凯，2019；胡振通，2016；路冠军和刘永功，2015）。

还有部分学者则认为生态补偿政策实施的效果存在不理想的情况。例如，Ferraro 和 Hanauer（2014）用 30 年的地理与社会经济发展数据对哥斯达黎加的保护地政策评估后认为，尽管生态补偿能够在一定程度上减少森林退化，但不能有效地防止生态的"净损失"，偏离了可持续发展的目标。

吴渊等（2020）对黄河源区草原生态补偿政策减畜效果及其产生原因进行分析，结果表明草原生态补奖政策在黄河源区的减畜效果有限。田爽和孟全省（2018）对陕西汉中的退耕还林政策进行评价，发现其综合绩效、政策构建绩效和政策效果绩效均为一般，并未达到预期。

还有学者用层次分析法（AHP）（王慧杰等，2020）、数据包络模型（DEA）（李红兵等，2018；熊玮等，2018）等对不同类型生态补偿绩效进行了评价。靳乐山等（2019）认为生态系统生产总值（GEP）适用于生态综合补偿机制下生态补偿政策绩效考核。颜海娟等（2024）运用投影寻踪与超效率 SBM-DEA 模型对长江经济带 101 个城市的生态补偿效益与效率进行评价，并分析了二者的时空格局。

2. 生态补偿政策实现的满意度评价

国内外学者对生态补偿满意度主要从满意度评价和满意度影响因素两方面进行研究。李国平和石涵予（2017）基于陕西省 79 个退耕还林县的实证研究后发现，森林补偿政策实施的满意度普遍偏低。马橙等（2020）、杜娟等（2019）、李洁等（2016）研究发现权力因子、政策满意因子、政策效果因子、政策认知因子、家庭因子等诸因子对林业生态补偿政策农户满意度有显著的影响。王丽佳和刘兴元（2019）用结构化方程（AMOS）研究了甘南、肃南和天祝牧民对草原生态奖补的影响因素。杜富林等（2020）对草原生态保护补助奖励政策实施及牧民对其所持的认知和满意度的实地调查，发现牧户对草原生态保护补助奖励政策的满意度处于中上等水平且存在农户特征的异质性。杨清等（2020）调查发现青藏高原牧民对草原生态补偿政策实施的满意度综合指数为 67.24%。周升强和赵凯（2019）认为生态补偿政策对农户收入增收作用越强，农户对政策的满意度越高。赵薇和李锋（2024）以海南热带雨林国家公园为例对国家公园原住居民生态补偿政策满意度的影响因素进行研究，发现原住居民生态补偿政策满意度总体较高；生计资本、政策信任对生态补偿政策满意度具有重要的预测作用。

生态补偿政策实施的绩效评价和满意度评价是完善生态补偿政策亟须

解决的关键科学问题，已有研究对评价生态补偿提供了很好的理论方法和
借鉴。

（五）农户对生态补偿政策的响应

农户作为生态补偿政策实施的主体之一，对生态补偿政策实施的成效
起到关键作用。因此，国内外学者对农户参与生态补偿的行为也进行了诸
多的研究。例如，农民的生计禀赋和策略的差异会直接影响他们参与补偿
政策的积极性，从而导致这些激励政策的效果不同（Liu et al.，2018）。
Zbinden 和 Lee（2018）运用计量经济学方法对哥斯达黎加的森林所有者及
农户的生态补偿行为进行分析。韩雅清等（2017）对福建省欠发达地区
344 户林农实证分析发现，林农参与林业碳汇的意愿不高，社会资本显著
影响林农参与林业碳汇的意愿，其他影响因素为人力资本、物质资本、林
地总面积和林地块数。靳乐山等（2020）以云南省屏边县和西畴县 289 份
退耕还林政策户的调研数据为例，基于扩展的计划行为理论（TPB）和结
构方程模型，从表征农户生态认知的行为态度、主观规范、感知行为控制
和生态补偿机制评价 4 个维度，分析农户的退耕还林意愿与行为。刘振虎
和郑玉铜（2014）对新疆 206 户牧户实证分析，结果表明牧业收入、自主
保护意愿和草原保护主体等因素影响牧民参与草原生态补偿。周俊俊等
（2019）选取宁夏盐池县 8 个典型乡镇、26 个行政村调研，基于 279 份农
户调查数据，对农户参与生态补偿意愿研究，结果表明，农户对生态补偿
政策的认知、农户家庭特征、自然资源拥有量、环境感知直接影响农户生
态补偿参与意愿。黄超群（2024）用计划行为理论和 Logistic 模型实证分
析发现，林农的年龄、生计来源状况、经济社会地位、家庭收入状况、对
生态公益林的功能作用和生态补偿状况的认知评价是影响林农参与生态公
益林保护的主要因素。

农户是生态补偿政策落实的最后一环和生态环境保护的最终实施者，现
有研究虽然探索了农户参与生态补偿的意愿，丰富了生态补偿的理论基
础，也为进一步实施生态补偿提供了有利的帮助，但是对主体功能区农户参
与生态补偿意愿的研究相对较少。因此有待进一步丰富该方面的研究。

（六）生态补偿实践探索研究

自 20 世纪 50 年代以来，各个国家开展了大量生态补偿实践的探索，主要从政府生态补偿和多元化市场化生态补偿两个方面进行，并取得了良好的效果。

1. 政府为主体的生态补偿

以政府为主体的生态补偿主要是补偿资金由政府出资的一种补偿方式。最为典型的是哥斯达黎加国家森林补偿基金（Programa Pago por Servicios Ambientales，PPSA）（Sierra & Russman，2006）。哥斯达黎加为了在经济社会建设中保护森林生态环境和森林生物多样性，从 1979 年开始设立国家森林基金，由国家向企业和森林开发者统一征收相关税，与森林生态服务供给者签订森林保护合同、造林合同、管理合同等，向开发地区的生态服务供给者给予生态补偿。这一政策实施以后，人们提高了对森林生态服务的认知，使哥斯达黎加的森林面积覆盖率提高了 26%。莱茵河主要流经瑞士、德国、法国等 9 个国家，为解决莱茵河流域长期污染问题，采取了生态补偿与流域综合开发相结合的生态环境治理方式（Farley & Costanza，2010）。德国和捷克两国政府于 1990 年签订易北河保护协议，并设立生态补偿基金（900 万马克），用于治理易北河的环境污染，共同开展流域水质的检测、管理、研究、保护、利用，随后易北河的自然灾害得到有效控制，流域水质也得到了明显改善（曲超，2020）。

我国生态补偿的始端是 20 世纪 80 年代开征的矿产资源税和矿产资源补偿费，主要用来修复因矿产开发时破坏的生态环境。到 90 年代初期，我国开始实施退耕还林、退耕还草、退田还湖、森林生态效益补偿等生态补偿的实践工作。在 1995 年将生态补偿的思路写入《林业经济体制改革总体纲要》中，并于 1998 年将生态补偿基金写入《中华人民共和国森林法》中，为实施森林生态效益补偿制度奠定了法律基础。2002 年，退耕还林的资金和粮食补助的相关规定写进了《退耕还林条例》。2005年，党的十六届五中全会上首次提出加快建设生态补偿机制。2008 年出台的《中华人民共和国水污染防治法》中明确规定，通过中央财政转移支付等方式对位于江河、湖泊、水库上游等地区和饮用水水源保护区区域的水环境进行生态补偿。2010 年出台的《中华人民共和国水土保持法》进一步强调"国家加强江河源头区、饮用水水源保护区和水源涵养区水土流失的预防和治理工作，多渠道筹集资金，将水土保持生态效益补偿纳入国家建立的生态效益补偿制度"。并在三江源重点生态功能区的实施生态补偿的探索。三江源生态补偿资金主要用于生态保护与生态建设、改善农户和牧户的生活基本水平和基本生态条件以及提升基层政府基本公共服务能力三个方面（陈根发等，2020）。而补偿资金来源于三个方面：一是中央下达的国家重点生态功能区转移支付和支持藏区发展专项；二是青海省及各州市的财政预算安排；三是国际和国内的碳汇交易收入及其他资金。补偿标准依据地方统计部门公布的人口数、地域面积、重点生态保护区面积、机构设置等基础数据，以及生态环境监测及生态补偿绩效考评结果、成本差异系数进行测算（王帅和陈文磊，2020）。

实施生态补偿后，三江源水源涵养区植被覆盖度、年水源涵养量比实施前明显提高，泥沙入河量比实施前平均水平明显减少。在 2012 年党的十八大会议上，我国明确提出要加强生态文明制度建设，建立市场化的生态补偿制度。2013 年党的十八届三中全会提出深化生态文明体制改革，建立系统完整的生态文明制度体系，健全自然资源资产产权制度和用途管制制度，划定生态保护红线，实行资源有偿使用制度和生态补偿制度。2015年中共中央、国务院先后印发《关于加快推进生态文明建设的意见》《生态文明体制改革总体方案》，明确指出探索建立多元化生态补偿机制，鼓励各地区开展生态补偿试点，健全生态补偿制度。2016 年国务院办公厅印发了《关于健全生态保护补偿机制的意见》指出，"实施生态补偿是调动各方积极性、保护好生态环境的重要手段，是生态文明制度建设的重要内容"。2018 年国家发展改革委、财政部、自然资源部、生态环境部等 9 部门联合印发了《建立市场化、多元化生态保护补偿机制行动计划》，标志着我国生态补偿从以政府为主导的生态补偿开始向政府为主的市场化多元化生态补偿的方式转变。2021 年中共中央办公厅、国务院办公厅印发了

《关于深化生态保护补偿制度改革的意见》，强调"生态补偿制度作为生态文明制度的重要组成部分，是落实生态保护权责、调动各方参与生态保护积极性、推进生态文明建设的重要手段"。2024 年国务院第 26 次常务会议通过《中华人民共和国生态补偿条例》，并于同年 6 月起实施。

福建是我国率先实施流域生态补偿和重点流域综合生态补偿的省份。2015 年，福建省人民政府发布了《福建省重点流域生态补偿办法》，在闽江、九龙江和鳌江等重点流域实施综合生态补偿，主要从资金筹措和补偿资金分配方面进行了改革。一是多渠道筹集资金。福建生态补偿资主要由省财政和市县财政两个方面来筹集。省财政生态补偿金主要把重点流域水环境综合整治专项预算每年的 2.2 亿元，省级预算内投资的 3000 万元，水口库区可持续发展专项资金的 1000 万元，大中型水库库区基金 3000 万元，省级新调整征收的水资源费新增部分的 2000 万元统一划作流域生态补偿金。而市县生态补偿金根据当地的财政比例和用水量的标准进行筹集。福建生态补偿资金主要用于防护林建设、水源地保护、生态环境整治、污水处理设施建设、水生态环境治理与修复、水土保持等流域生态保护和污染治理工作。二是按水环境综合评价结果分配资金。福建重点流域生态补偿是根据水环境综合评分、森林生态、用水总量控制三个因素来决定补偿的资金，其权重分别占 70%、20% 和 10%（方晏等，2018）。通过对国内外生态补偿的实践的梳理，以政府为主体的生态补偿的实施路径如图 1-1 所示。

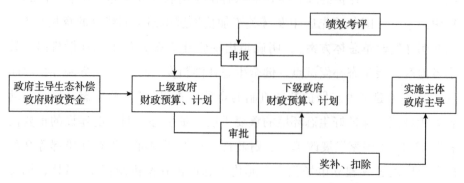

图 1-1 以政府为主体的生态补偿的实施路径

资料来源：靳乐山等（2019）。

2. 多元化市场化生态补偿

国外很多国家对市场化生态进行了实践探索，尤其是美国、欧盟、新西兰和拉丁美洲的一些国家和地区通过长时间的探索，已形成了较为成熟的市场化生态补偿机制。美国比较典型的有水权交易模式和湿地缓解银行制度。其中，水权交易是为了保护河流上游饮用水源地，防止水被农场生产过程污染，湿地缓解银行制度是为了解决湿地面积严重减少问题进而保护湿地生态系统。1992 年美国纽约市与凯兹基尔（Catskills）和特拉华河（Delawar）河流上游水源地的农场经营主签署了生态补偿协议，约定纽约市每年给予不破坏水源地生态环境的最佳农场生产经营者适当的补偿，并补助改进供水设备和重建城市污水处理厂的地区支付 4.7 亿美元的补偿金。美国水权交易的实施有效地保护了纽约地区的城市饮用水源和上游农场生产经营者生产方式的转变。而湿地缓解银行制度则是创造了湿地信用的一种市场化制度，该制度要求对湿地造成破坏的开发者需通过市场价格来购买湿地信用方能开发湿地，并从中盈利（柳荻等，2018）。20 世纪 80 年代，法国毕雷矿泉水公司为保持水质与当地养殖农户签订了一份关于禁止养殖的补偿协议，出资设立牲畜粪便的治理设施和雇用当地的农户进行污水治理，最终实现了双赢的局面（Perrot-matre et al.，2006）。2004 年亚马逊河流域国家联合会议提出亚马逊河流域各国要保持森林覆盖率，限制森林砍伐。巴西为落实会议精神和减缓对森林砍伐活动，并实现土地资源的有效利用和维持 80% 的森林覆盖率目标，制定了森林砍伐权的交易（BVRIO）制度，该制度允许在法定区域部分进行砍伐，同时也可以交易砍伐权。通过该制度的实施，有效提高了土地和森林的生态效益，并大幅降低了交易成本（Börner et al.，2010）。墨西哥水文环境付费计划是通过向用水者收取费用，用来支付森林所有者保护水源有效供给的补偿。该项目是由政府设计和决策的，用水者不能参与政策的制定且不能协商，其他相关利益者可以在决策过程中参与商议，每年从用水者收取的费用中向森林所有者支付 1800 万美元的环境服务费（Blackmana et al.，2015）。新西兰也实施了碳排放交易制度和林业碳汇交易制度。新西兰政府成立专业调查小组对企业以往的碳排量进行精确测算，并在此基础上确定每家企业的碳排放量配额指标，超出碳排放量配额指标的企业需向盈余的企业购买，来满足自己企业的碳需求（郑爽，2020）。新西兰森林碳汇交易是新西兰政府提供交易平台并提供一个碳汇信用指标，任何符合条件的森林农场主都可以申请自己的森林碳汇去参加交易。在过渡期内政府实施的价格机制是降低价格到原来的一半（12.5新元/吨），过渡期之外的价格则是25新元/吨，以此激励企业参加碳汇交易，森林碳汇交易方式不仅充分发挥了新西兰的森林资源优势，而且有利于促进企业参与生态环境保护（戴婷，2017）。

我国市场化生态补偿才刚开始探索，如新安江流域绿色发展基金、贵州赤水河流域保护基金，福建省也在探索绿色金融、重点生态功能区赎买、林票制、林业银行等方面的生态补偿机制（吴江海，2013）。通过对国内外生态补偿的实践的梳理，市场化多元化生态补偿的实施路径如图1-2所示。

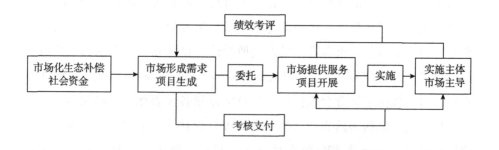

图1-2 市场化多元化生态补偿的实施路径

资料来源：靳乐山等（2019）。

尽管国内外学者对主体功能区生态补偿在补偿主体、补偿对象、补偿标准、补偿渠道以及补偿核算体系、评估环境费用和效益的经济价值等已经有了较多的讨论。但生态补偿主体的界定、生态补偿标准、补偿方式、补偿资金来源等还存在诸多的问题，相关法规、政策明显滞后，有待进一步完善。

二、生态补偿与经济发展

关于生态补偿促进经济发展，国内外学者主要从生态补偿与经济发展的作用机理、成效等方面开展了大量研究和实践。

（一）生态补偿促进经济发展的作用机理

Pagiola 等（2005）对生态补偿保护区经济发展的作用机理进行了研究，生态补偿促进农户增收能取得良好的成效。Wunder（2008）从经济学的角度对生态补偿机会成本计算进行研究，认为选择最有效的生态服务供给者、减少信息租金，并且降低交易费用能够有效提高生态补偿的经济性。我国学者徐丽媛和郑克强（2012）从法理和公平正义的角度对生态保护导致保护区经济发展落后的原因进行了分析，并提出要从法理、机制和资金方面建立其长效机制，且通过合作博弈的方法建立了生态补偿不同主体之间的合作博弈机理模型。刘春腊等（2019）、陈国兰（2019）、曾星和刘解龙（2019）分析了精准扶贫与生态补偿对接融合的机理机制，且对生态补偿促进农户增收的作用机理进行了阐释。赵晶晶和葛颜祥（2019）、张化楠等（2018）、耿翔燕和葛颜祥（2017）对生态补偿促进农户增收的形成机理、运行机理进行了深入分析。吴乐等（2019）分析了生态补偿中岗位生态补偿对农户增收的作用机理。袁梁等（2017）在可持续生计能力分析框架视角下研究了生态补偿政策对居民可持续生计能力的作用机理，并用陕西省调研数据和结构化方程模型进行了实证分析。

（二）生态补偿促进经济发展的成效

针对生态补偿促进农户增收效应的研究结论不尽相同。Pagiola 等（2005）对拉丁美洲生态补偿研究发现，在实现生态保护的同时，可以推动保护区经济发展，帮助农户增收。研究表明在偏远的落后山区，生态服务付费在取得生态效益的同时能够获得经济效益，通常会比产品市场提供更大的机会，有利于地区的经济发展。我国学者王立安等（2013）对甘肃省武都区退耕还林工程的研究发现，退耕还林工程能够促进低收入农户人均收入的提高，并能够提升农户的综合生计能力。李桦等（2013）以陕西省吴起县为研究对象，利用农户面板数据研究了退耕还林工程对农户收入的影响，研究结果表明退耕还林工程能够长期提升农户的收入，而对高收入农户收入的影响具有阶段性。侯一蕾等（2014）以湖南省湘西自治州为例研究发现，林业生态建设对林农具有一定的增收效应。娜仁等（2020）对安徽新安江跨流域生态补偿对受偿区增收效应进行实证研究，结果表明流域生态补偿对当地居民有显著的增收效应，造血型生态补偿的增收效应明显大于输血型生态补偿的增收效应，且两种补偿都具有门槛效应。李国平和石涵予（2017）对陕西省79个退耕还林县生态补偿进行实证研究，测度其2011~2015年绿色发展状况和绿色增收效果。朱烈夫等（2018）对三峡库区生态屏障区生态补偿研究发现，三峡生态屏障区生态补偿政策对农户起到了一定的增收作用。庞娟和冉瑞平（2019）研究了广西石漠化综合治理工程对县域经济发展的影响机理，实证结果表明石漠化综合治理工程能够有效地促进地方经济的发展，持续时间越长，对地方经济的促进作用就越大。龚荣发和曾维忠（2019）实证分析了森林碳汇增收绩效，研究结果表明森林碳汇增收绩效随着项目的深入实施逐步上升，效果得以不断显现；各评价单元的增收绩效存在差异，需要不断提高森林碳汇增收绩效，充分发挥森林碳汇项目实施在增收中的作用。卢文秀和吴方卫（2023）认为生态补偿在促进受偿地区农民收入稳定可持续增长、优化地区产业结构等方面仍存在不足。有些专家认为横向补偿通过增加转移性收入的直接途径和提升工资性收入的间接途径促进受偿区域居民财富水平提升，以及促进流域共同富裕（张兵兵等，2024；张益豪和郭晓辉，2024）。李坦等（2022）用双重差分法研究新安江生态补偿政策对流域农村居民收入就业的结果表明，试点政策使流域农户收入增加了2.8%，农村就业率增加了2.8%，非农就业与农业就业之比增加了15.8%。

有些学者的研究结果发现，生态补偿对生态环境保护起到很好的作用，但对促进经济发展的效果并不显著。例如，Ferraro和Hanauer（2014）利用30年的地理和社会经济数据对哥斯达黎加保护地政策进行绩效评价，发现哥斯达黎加的保护地政策显著减少了森林退化，促进了森林恢复,推动了旅游业的发展。王慧杰等（2020）认为新安江流域生态补偿政策评估实施效果整体较好,但对区域经济和社会发展的促进作用不显著。吴乐等（2017）对贵州生态补偿研究发现,生态补偿不一定有助于低收入农户的增收。

（三）生态补偿促进经济发展的实践探索

1. 国际上生态补偿促进经济发展的实践探索

生态补偿虽处于初步探索阶段,但在实践中已取得一定效果。国际上生态补偿的典型案例有哥斯达黎加、墨西哥、巴西、南非和厄瓜多尔等国家,但其主要目的是加强保护生态环境。哥斯达黎加在国家森林补偿基金项目实施时,充分考虑生态保护区内的居民,通过政府、私人以及国际银行等多方面筹集资金,向参与农林复合项目的农户及社区给予现金补偿,补偿标准为 410~1470 美元/公顷·年,约有 15375 个农户参与,从而促动农户经济的发展（Porras et al.,2013）。墨西哥的 PSAP 计划通过州政府每年的计划预算、募捐和银行贷款来筹集资金,补偿标准分为六个等级,为 32~93 美元/公顷·年,并以现金方式支付给保护森林的农户,约有 5400 个农户受益（Fonafifo et al.,2012）。巴西在绿色法案中对全国 15 个保护区进行生态补偿,明确规定对家庭、协会和弱势家庭进行现金支付和技能培训,通过亚马逊州政府、银行贷款、私营企业和国际捐款等方式筹措资金,补偿 1665 美元/年·户（Schwarze et al.,2016）。南非为保护水清洁,与失业人口签订清洁水质服务合同并为其提供就业岗位,每年提供就业岗位 2 万个,并对参与失业人员进行培训,促进失业人口工资收入（Odricks,2013）。厄瓜多尔的 Socio Bosque 项目共涉及 161755 个农户,通过财政预算、绿色税收和国际基金等进行筹资,对农户采取现金支付和支持农业发展的方式进行补偿,补偿标准采取分级措施,50 公顷以内支付 30 美元/公顷·年,超过 50 公顷的部分补偿 20 美元/公顷·年（Davis et al.,2012）。越南采用森林环境服务付费制度,将森林保护与发展基金的 80% 支付给林区的农户,同时各级政府有专门的部门对基金的使用进行严格的监督（葛察忠和许开鹏,2010;阮春贤,2014）。

2. 我国生态补偿促进经济发展的实践探索

自从 2016 年我国提出生态补偿减贫后，赋予了生态补偿新使命。我国各级政府开展了生态补偿的实践探索，在"一个战场"同时打赢生态治理与脱贫攻坚"两场战役"，实现了生态与扶贫的"双赢"。据 2020 年数据显示，生态扶贫已助力 2000 多万人口实现增收（张曦文，2020）。内蒙古科尔沁左翼后旗将生态建设与脱贫攻坚结合起来，截至 2019 年，累计减贫 11690 户 30285 人，低收入发生率由 11% 降至 1.23%。其主要经验：一是多种方式提高植被覆盖率，改善土地土壤条件，进而改善整个地区的生态环境和自然条件；二是充分动员群众参与，扩大低收入人口在治沙过程中的参与度，将治沙种树作为帮助低收入人口提升收入的一个重要途径；三是自然条件好转后，有计划地依托自然资源和禀赋，培育主导产业。在实现生态环境明显改善的同时，促进了农牧民增收。"十三五"期间，重庆市通过生态补偿，带动 45 万户低收入农户增收。其主要经验为：一是国土绿化助力生态扶贫产业。依托各类重点营造林工程，按照"一县一业""一乡一品"要求，优化农村产业结构，引导多主体走集约化路子，加大经济林和国家储备林的建设，大力发展特色农业，鼓励农户积极探索总结各种生态产业模式，推动生态旅游由"景区旅游"向"全域旅游""森林旅游"转型，着力发展生态康养业发展。二是创新生态补偿新途径。全市实施了提高森林覆盖率横向生态补偿机制，允许森林覆盖率不达标的区县可以向森林覆盖率高出目标值的区县购买指标，并计入本区县森林覆盖尽责率。同时，还积极探索重点生态区位的非国有林生态赎买机制（重庆市林业局，2020）。三是为低收入人员提供生态护林岗位。积极开发生态护林岗位，设置生态护林员、天保工程护林员等岗位提供给低收入人口就业，将国土绿化营造林项目计划安排重点向欠发达地区倾斜，大量低收入人口以劳务参与、入股分红、土地出租等方式参与工程建设，切实解决了低收入人口就业难、增收慢的问题，让低收入农户就地就业增收。2018 年，贵州省实施"大扶贫、大生态、大数据"三大战略行动融合发展的创新模式，其主要思路就是将拥有林地的低收入农户的树木编上"身份证号"，按照科学的方法学测算出碳汇量，拍好照片，上传到贵州省单株碳汇服务平台，然后面向整个社会、整个世界致力于低碳发展的个人、企事业单位和社会团体进行销售；而社会各界对碳汇项目的购买资金，将全额进入管护农户的个人账户。碳汇购买者在实现社会责任的同时，也可帮助农户增收（宋艺瑶等，2021）。河南省采用"生态补偿扶持、生态工程建设、生态环境治理、生态产业发展"四种方式进行生态补偿，有效地提高了农户家庭的收入，发挥了积极显著的作用（李运海，2020）。一是采用生态补偿扶持持续加大对欠发达地区资金支持力度。河南省全面落实国家生态护林员政策，设立护林员公益性岗位，将有劳动能力的贫困人口就地转成护林员。2017 年以来，河南省累计争取国家生态护林员补助资金 6.83 亿元，累计聘用生态护林员 12.5 万人次，人均年收入6200 多元。2017 年以来，落实退耕还林补助资金 10.9 亿元，受益低收入农户 8000 户。落实公益林生态效益补偿资金 9.42 亿元，受益低收入农户8.42 万户（武建玲，2020）。二是利用生态工程建设持续改善欠发达地区的生态环境。河南省发挥重大生态工程带动作用，加快推进沿黄湿地公园、伏牛山植物大观园、太行山绿化和天然林保护等国土绿化工程建设，持续改善欠发达地区生态环境。深入开展"森林河南"建设，加快国土绿化提速行动，大力推进"山区森林化、平原林网化、城市园林化、乡村林果化、廊道林荫化、庭院花园化"，冬春两季义务植树成为长效机制，大造林大绿化格局初步形成（李运海，2020）。三是利用生态环境治理切实提升欠发达地区生态品质。河南省集中政策优势，一体推进农村环境整治、水土流失治理和大气、水、土壤污染防治，切实改善欠发达地区人居环境，增强群众幸福感和获得感（武建玲，2020）。四是扶持生态产业发展促进欠发达地区高质量发展。河南深挖生态资源优势，推广"企业+专业合作组织+基地+农户"产业化经营模式，统筹推进林下经济、森林康养、林果加工和乡村旅游发展，带动欠发达地区形成"生态保护、环境美化、群众增收、区域发展"的"多赢"局面。总之，各地的生态补偿主要以提供公益林管护岗位、投入地区生态建设资金、开展生态修复、污染治理等生态补偿激发欠发达地区保护生态环境积极性的同时促进经济发展。

综上所述，生态补偿是为了达到人与自然的和谐共生，利用经济手段来调节生态环境供给者与使用者之间利益的一种公共制度。其主要价值和目的是为了保护生态环境，着重强调人与自然协同发展，同时兼顾经济发展的作用。

第三节　理论基础

一、经济外部性理论

外部性这一概念最早由马歇尔提出。此后，庇古在《福利经济学》一书中系统地阐述了外部性的概念和理论框架。外部性是指某一经济主体的福利受到其他经济主体的影响，这种影响可能是正的也可能是负的，但使别人受损失的经济主体并没有承担相应的补偿（张学刚，2009）。在这种情况下，庇古提出可以通过征税来解决负外部性问题，对正外部性也可通过经济手段给予纠正（郭晓，2012）。而科斯则认为外部性问题的存在是因为产权不明晰无法上市交易，解决外部性问题关键是界定产权，进行市场交易才能够有效地将外部化问题内部化，提高资源配置效率（张旭昆和张连成，2011）。

生态环境资源及其生态服务均属于公共产品，具有很强的外部性特征（胡仪元，2010）。主体功能区由于生态环境保护使当地政府和农户失去了发展机遇，为了生态环境保护主体功能区，当地政府强行关闭一些污染企业，农户减少了对林木的采伐甚至退出林业经营生产，导致自身利益受损，其自身获取的边际收益显然与社会边际收益之间存在背离。而主体功能区外的生态服务使用者却普遍存在"搭便车"行为，免费享受着生态供给者提供的生态服务。目前解决生态环境问题的关键是外部效应内部化。生态补偿是国家激励地方政府和农户减少对生态环境严重负外部性的行为，同时强化对有利于改善生态环境的经营活动的激励。

二、生态经济价值理论

生态经济价值理论是来源于生态经济学、环境经济学和资源经济学的一个综合性研究理论，是分析生态资源环境与经济增长之间关系的理论依据。理论界对生态价值的评估主要有以下三种方法：一是以社会主体的支付意愿来表达生态服务价值，主要采用条件价值估算法对生态环境的经济价值进行评估，得到生态服务价值的评估结果（许志华等，2021）。二是用生态系统服务价值来表示，1864年，美国科学家认为地球资源是人类非常有限的宝贵财富，要重视自然、善待自然，与自然要和谐共生（胡晓明，2015）。20世纪60年代，King 和 Helliwell 首次提出了生态系统服务（Ecosystem Services）的概念（徐建宁，2016），Costanza 等（1997）认为生态系统服务是人类为维持和满足自身的生活需求，直接或者间接从生态系统或自然环境中获得的各种惠益。生态系统主要承担着供给功能、调节功能、支持功能和文化功能四大服务功能。三是以消费者剩余来表示生态系统的价值，多采用机会成本法、影子工程法等方法估算生态经济成本。

三、生态经济人理论

传统经济学假设经济活动的参与者都是理性经济人，总是设法使自身的经济利益得到最大化的满足，或追求自身效用的最大化。传统经济学中的"理性经济人假设"割裂了个人利益与集体利益、社会利益协调统一，过度强调以个人经济利益为核心，忽视了人与社会的关系，从而导致生态环境的日益恶化，引发生态环境的危机（李中元和杨茂林，2010）。生态经济学家在理性经济人假设的基础上提出了生态经济人假设，认为在生态环境系统中，生态经济人在考虑个人经济利益最大化的经济理性的同时，也追求生态价值的生态理性。生态经济人在经济理性和生态理性之间进行博弈，力求实现长远的系统整体利益的最大化（罗丽艳等，2003）。当经济理性与生态理性发生冲突时，绝大多数人将选择经济利益最大化（雍会和孙璐璐，2020）。生态经济人是在生态资源环境约束的条件下实现其经济利益的最大化，最终目标是实现经济利益和生态利益的共赢（刘家顺和王广凤，2007）。

四、共同富裕

共同富裕是全体人民通过辛勤劳动和相互帮助最终达到丰衣足食的生活水平，也就是说消除两极分化基础上的普遍富裕。"富裕"反映了社会对财富的拥有，是社会生产力发展水平的集中体现；"共同"则反映了社会成员对财富的占有方式，是社会生产关系性质的集中体现。共同富裕包含着生产力和生产关系两方面的特质，从质的规定性上确定了共同富裕的社会理想地位，使之成为社会主义的本质规定和奋斗目标。共同富裕是共同和富裕两个方面的有机统一。共同用于说明富裕实现的范围，它是相对于私有制所导致的两极分化现象而言的；富裕则是用来表征生活丰裕的程度，它是相对于贫穷而言的。

五、可持续发展理论

20世纪70年代，世界环境与发展委员会在《我们共享的未来》中首次提出了"可持续发展概念。可持续发展理论是指既满足当代人发展的需要，也不造成影响和危害后代人发展的需要，要充分考虑人类发展的公平性、持续性、共同性（苏芳，2015）。经济社会发展受到生态环境的制约，所有的经济活动必须在生态环境承载力允许范围内进行，所以主体功能区的一切经济活动需要维持在主体功能区最大承载力以内进行。由于主体功能区生态环境的整体性、区域性和外部性特征，很难改变生态系统服务的公共物品的基本属性，需要从公共服务的角度进行有效的管理，并实现主体功能区的可持续发展。

第四节　生态补偿与经济发展的理论逻辑

生态补偿是通过直接补偿提高农户经济水平或间接补偿改变生产要素配置而促进经济发展和提高农户收入水平，最终达到生态保护和经济发展的双重目标。因此生态补偿是保护区促进农户增收的有效措施之一，也是实现生态保护与经济发展的可持续路径。所以，生态保护区生态补偿促进农户增收的作用机理逻辑框架如图1-3所示。

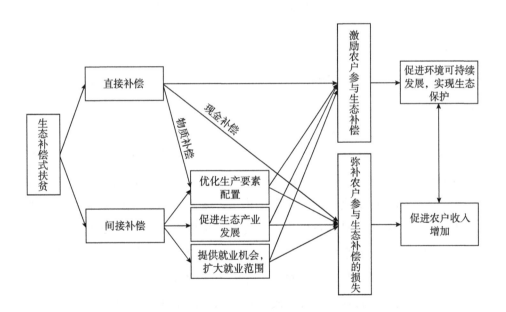

图1-3　生态补偿促进农户增收的作用机理逻辑框架

一、生态补偿对农户收入的作用机理

农户收入水平能够直观反映农户的富裕水平。主体生态功能区农户收入主要由工资性收入、经营性收入、转移性收入、财产性收入和其他收入构成（徐爱燕和沈坤荣，2017）。其中，工资性收入指农户通过打工和劳务等获得的收入，主要受居民自身的工作能力和社会对劳动力的需求两种因素的影响；经营性收入指农户从事生产经营性活动而获取的收入，这部分收入与农产品的数量和价格密切相关；转移性收入指农户通过政府的再分配而获得的收入；财产性收入指农户在已有资产基础上投资而获得的收入。

生态补偿是通过直接补偿和间接补偿的方式激励农户参与生态保护，促进农户收入增加，提高农户的收入水平，同时减小收入差距。具体如下：首先，通过直接补偿方式，提高农户收入，实现农户收入增加。直接补偿是指农户参与生态补偿得到的现金补偿或物质补偿。一方面，现金直接补偿方式直接增加了农户的现金收入，使农户收入水平增加（尚海洋等，2018）。另一方面，物质补偿提高了农户的物质水平，优化了农户生产要素的配置，提升了农户生产效率，促进了农户生产经营水平的提高，使农户的收入水平增加。其次，通过间接补偿促进生态产业发展，提供就业机会，扩大就业范围，优化农户生产要素配置等方式，提高农户收入水平，达到农户增收效果。一是优化生产要素配置。生产要素优化是通过政策补偿等方式，提升农户的人力资本、金融资本和社会资本等方面的要素，增加农户收入水平。技能培训、智力补偿等方式提升农户的内生动力，改变人力资本要素，提供农民工作能力，增加农户经营性收入和工资性收入。绿色金融的补偿方式，改变农户的金融资本，促进农户生态产业发展和投资，增加农户的经营性收入和转移性收入。移民搬迁改变农户的社会资本要素，增加农户的就业渠道和创业的机会，增加农户的工资性收入和经营性收入。产权交易改变农户的自然资本，使农户从繁杂的农林生产经营中解放出来（张炜和张兴，2018），从事其他经营活动，改变单一的收入来源，拓宽收入渠道，转变原有的生计方式，实现多样化的生计策略（王丹和黄季焜，2018）。二是促进生态产业发展。在主体功能重点保护区要充分发挥丰富的生态资源优势，通过生态产业化经营，促进生态优势向经济优势转化，实现经济和环境协同发展（黎元生，2018）。通过深挖生态产品的价值，加大绿色产品的认证和开发，提高农产品的销售价格和销售量，大力发展生态康养、生态旅游等生态产业，既直接提高农户经营性收入，也间接扩大农户就业机会，增加农户工资性收入。三是提供就业机会。提高劳动工资水平，创造更多的就业岗位，加大剩余劳动力转移，扩大就业范围，拓宽农户多元化收入来源，促进农户的收入增加，同时增加对经济危机的抵御能力，也进一步有效降低低收入人口的返贫概率。间接补偿增加了农户的收入水平。总的来说，直接补偿和间接补偿均能够促进农户收入水平的提高和实现经济发展的双重目标。

二、生态补偿对生态环境保护的作用机理

生态补偿是政府为保护生态环境制定的一种激励性政策手段，目前已有许多学者就主体功能区生态补偿对环境保护的影响效应进行了研究，发现主体功能区转移支付政策能有效促进环境质量改善。从地方政府的视角来看，地方政府需要加大保护的投入来治理污染物，投入越多，生态环境保护效果就越好，减少了污染物的排放，但也限制了地方政府发展工业生产。从农户行为视角来看，生态补偿是政府通过制度约束和生态补偿等激励手段同农户建立一种契约关系，以减少对生态环境有严重负外部性的经营行为，同时强化对有利于改善生态环境的经营活动（段伟，2016）。因此，政府借助生态补偿政策的实施达到生态环境保护的目标，生态补偿政策也必须能够有效地约束和激励农户参与生态保护行为。当生态补偿能够弥补农户保护生态失去的机会成本时，农户的个人利益恰好和政府生态环境保护目标实现激励相容，促进经济社会和生态环境可持续发展。当生态补偿无法满足当地政府和农户发展工业以及农户资源带来的经济收入时，作为理性经济人的地方政府和农户就有可能放弃生态环境保护，出现

农户利益与政府目标的偏离。而此时政府就只能通过生态保护监督的行政手段杜绝农户对环境的破坏，在一定程度上也会遏制对生态环境的破坏。

三、经济发展与生态环境保护相互作用

从经济发展与环境保护的关系来看，经济发展对生态环境保护产生负面影响。在经济发展过程中，工业的扩张，资源的大量开采，导致资源的过度利用和持续利用资源的枯竭。如工业"三废"的排放，会造成大气、水和土壤的污染、破坏生态平衡，同时，经济快速发展也往往伴随着森林破坏，影响生物栖息地，导致生物多样性减少。而环境保护需要弱化工业发展，但弱化工业发展会导致工业发展水平下降，对劳动力的需求随之降低，造成一些人失业，失去工资来源，最终削弱主体功能区经济发展的效果。生态补偿是解决经济发展与生态保护协同发展的有效政策手段。地方政府通过生态补偿激励地方政府和农户保护生态环境，可以改善当地环境质量，而优美的生态环境有利于发展生态产业，能将生态优势转化为经济优势，带动当地居民就业，提高居民收入，从而实现经济发展。总之，经济发展和生态环境保护之间会相互作用、相互影响，既可能是相互促进，也可能是相互抑制。

第二章

研究区域概况与数据收集

第一节　研究区概况

一、闽江源自然地理现状

闽江源（本书指三明市所辖范围，见图2-1）是指闽江上游的沙溪、建溪、富屯溪三大溪流经的区域，主要流域是指三明市所辖的三元区、沙县区、永安市、明溪县、清流县、宁化县、建宁县、泰宁县、将乐县、尤溪县和大田县，共2区1市8县。位于福建的中部连接西北隅，处于北纬25°30′~27°07′和东经116°22′~118°39′，总人口为249万，全境总面积为22965平方千米。地势总体呈西南高东北低，以中低山和丘陵地貌为主，海拔最高（建宁白石顶）1858米，最低50米。属于中亚热带季风气候区，境内气候总特征是气候温暖湿润，四季分明，雨量充沛，多年平均降水量1519~2044毫米。河流密布，河网密度大于0.13千米/平方千米，河流长度大于10千米的有90多条，多数属闽江水系，少数属汀江、九龙江和江西省赣江水系，集雨面积50平方千米以上的河流有167

条，其中流域面积在 5000 平方千米以上的重要河流有沙溪、金溪和尤溪三大河流。

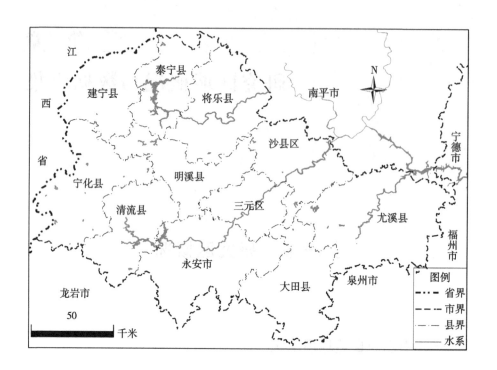

图 2-1　闽江源地理区位

注：三明行政界线用国家地理标准，天地图矢量数据，ARCGIS 制图。

审图号：明 S（2025）002 号。

二、闽江源社会经济发展现状

闽江源属于苏区老区和发达地区的欠发达地区，经济发展水平低于福建全省平均水平。2022 年 GDP 达 3110.14 亿元，其中，第一产业 339.60 亿元，占 GDP 的 10.92%，第二产业 1580.92 亿元，占 GDP 的 50.83%，第三产业 1189.62 亿元，占 GDP 的 38.25%，第二产业比重大，超过 GDP 的一半。人均地区生产总值 12.60 万元，地方一般公共预算收入 111.16 亿元，居民人均可支配收入 34994 元，农村居民人均可支配收入 23228 元，城镇居民人均可支配收入 44627 元，农村居民食品消费支出占消费总支出的比重为 35.41%，城镇居民为 34.08%。

三、闽江源是福建的重要生态功能区

闽江源是我国东南地区的活基因库，也是我国 35 个生物多样性保护的"关键区"之一，辖区内有 80% 以上的陆生珍稀、濒危野生动植物种和 70% 以上典型的森林生态植被类型（郭宁和林剑峰，2013）。闽江源生态资源丰富，森林覆盖率达 76.8%，享有福建"绿色宝库"的美誉。由于天然植被保存良好，其生态系统的水源涵养、水文调蓄功能较强，是福建省的重要生态功能区和水源涵养地区，也是海峡西岸经济区生态安全的屏障，大部分地区被划分为福建的主要生态功能区和限制开发区。区内包含富屯溪流域西部河源水源涵养和生物多样性保护生态功能区，富屯溪流域中部山地水源涵养和林业生态功能区，富屯溪流域中东部盆地复合农林业生态功能区，建宁金溪河源区生物多样性保护和土壤保持生态功能区，建宁盆地复合农林业生态功能区，池潭水库与库沿景观和水环境维护生态功能区，水源涵养和林业生态功能区，水源涵养与生物多样性保护生态功能区，明溪县沙溪流域西部山地水源涵养和林业生态功能区，沙溪流域中部山地水源涵养和林业生态功能区，沙溪流域西北部山地水源涵养和林业生态功能区，溪流域东部山地水源涵养和林业生态功能区，宁化—清流盆谷地复合农林业和土壤保持生态功能区，明溪中部盆谷地复合农林业生态功能区，明溪东部沙县西北部盆谷地复合农林业生态功能区，清流、连城盆谷地复合农林业生态功能区，安砂水库与库沿景观和水环境维护生态功能区，永安城镇和城郊农业生态功能区，沙县城镇和城郊产业走廊带生态功能区，三明中心城市生态功能区，尤溪、大樟溪上游山地自然生态恢复与维护和水源涵养生态功能区，尤溪流域西部河源地水源涵养和林业生态功能区，闽江中游中部山地水源涵养和林业生态功能区，大田太华—前坪高地农业和土壤保持生态功能区，尤东永北高地农业和土壤保持生态功能

区，尤溪低位盆谷地农业生态功能区，古田—水口水库与库沿景观和水环境维护生态功能区，九龙江北溪上游水源涵养和林业生态功能区，大田上京—桃源高地农业和土壤保持生态功能区 29 个生态功能区。闽江源基本涵盖了三明市所辖的县（市、区），基本与三明的行政界限重叠。

第二节　数据来源

一、农户调研数据收集与描述

农户数据采取问卷调查的方式，课题组先后于 2016 年、2017 年、2018 年和 2019 年 4 次到实地进行入户问卷调查，分别收集了农户补偿意愿数据（298 份）、生态补偿满意度评价数据（285 份）、生态公益林生态补偿调查数据（447 份）和生态补偿与农户增收的调查数据（1126份）。

（一）农户受偿意愿的调查数据收集与描述

2016 年 7~8 月，课题组成员先后走访了闽江源地方政府，在了解基本情况的基础上设计了开放式问卷，问卷涉及三个方面的内容，第一部分主要是被访者的社会经济基本信息，第二部分主要是被访者对环境保护和生态补偿的认识，第三部分主要是受访者的受偿意愿，其核心问题是，"如果政府出台相关政策对您保护环境做出补偿，您认为每年的补偿应该是多少"，设 0、5、10、20、50、100、150、200、250、300、400、500、600、800、1000 共 15 个投标额，在正式调查前通过预调查对问卷进行了完善。本次调查共发放问卷 340 份，回收问卷 320 份，回收率为 94.1%。对回收的问卷进行查错和校验，排除有严重逻辑错误（回答前后矛盾）和漏答错答之后，有效问卷 298 份，问卷有效率为 87.6%。

　　农户受偿意愿调查对象大多数是本地村民，对当地的情况比较熟悉。其基本社会经济信息如表 2-1 所示，63.27% 的家庭有 4~5 口人，84.69% 的户主是男性。大多数户主的年龄在 41~50 岁，占 53.06%，30 岁以下的仅占 4.08%。绝大多数文化程度是初中，占 57.14%。家庭平均耕地面积是 6.47 亩，68% 的受访者家中拥有林地。58.72% 家庭的收入以种植业为主，其中主要种植作物有水稻、烟草和莲子，有很多家庭的经济收入依靠山林，40.27% 的家庭收在 1 万~2 万元。主要经济来源的家庭中，种植户占 68.46%、养殖户占 4.36%、个体户占 9.40%、运输占 7.05%、公职人员占 5.03%、外出务工人员占 5.70%。

表 2-1　受访者基本特征（2016 年）

指标	选项	频数（人）	百分比（%）	指标	选项	频数（人）	百分比（%）
性别	男	252	84.69	文化程度	小学及以下	9	3.06
	女	46	15.31		小学	46	15.31
年龄（岁）	22~30	12	4.08		初中	170	57.14
	31~40	85	28.57		高中及以上	73	24.49
	41~50	158	53.06	耕地面积（亩）	<1	12	4.08
	51~60	33	11.22		1~3	24	8.16
	>61	9	3.06		3~5	64	21.43
家庭人数（人）	<4	49	16.33		5~10	170	57.14
	4~5	189	63.27		>10	27	9.18
	>6	64	21.43	经济收入（万元）	<1	57	19.13
种植作物	经济林	22	7.35		1~2	120	40.27
	水稻莲子	13	4.41		2~3	63	21.14
	制种	13	4.41		>3	58	19.46
	烟叶	70	23.53				
	水稻	114	38.24				
	水稻烟叶	66	22.06				

资料来源：课题组 2016 年调研数据。

（二）生态补偿满意度评价的调查数据收集与描述

2017 年 7~8 月，课题组对所抽取的参与生态补偿的农户进行入户调查，本次调查根据闽江源人口的分布情况，随机选取三元区（原梅列区、三元区）、永安市、沙县、大田县、尤溪县、将乐县、泰宁县、建宁县、宁化县、清流县和明溪县 11 个县区所辖主要生态功能区相关乡镇为研究样本。调查采用问卷调查和访谈相结合，问卷涉及户主的基本情况、家庭基本情况、对生态补偿政策和实施的认知。在正式调查前通过预调查对问卷进行了完善。本次调查共回收问卷 350 份，剔除有严重逻辑错误以及数据不完整的样本，得到有效问卷 285 份，问卷有效率为 81.4%。

在参与生态补偿的农户中，户主绝大多数为男性，占 76.14%、女性占 23.86%。46.32% 的低收入农户为 60 岁以上的老人，43.86% 的为 40~60 岁的人，这两个年龄段占 90.18%。普遍学历偏低，小学及以下学历占 80.35%，高中及以上学历仅占 2.11%。绝大多数低收入农户不健康，占 77.54%。有 76.85% 的家庭年人均收入低于 3026 元，其中绝大多数（66.32%）人均年收入低于 2000 元；主要收入来源为种植业（30.88%）和养殖业（32.63%），占 63.51%（见表 2-2）。

表 2-2　受访者基本特征（2017 年）

指标	类别	样本数（人）	百分比（%）	指标	类别	样本数（人）	百分比（%）
性别	男	217	76.14	家庭年人均收入（元）	小于 2000	189	66.32
	女	68	23.86		2000~3026	30	10.53
年龄（岁）	20~40	28	9.82		大于 3026	66	23.16
	40~60	125	43.86	收入来源	种植业	88	30.88
	>61	132	46.32		养殖业	93	32.63
文化程度	小学及以下	229	80.35		务工	25	8.77
	初中	50	17.54		政府兜底	79	27.72
	高中及以上	6	2.11				
健康状况	不健康	221	77.54				
	健康	64	22.46				

资料来源：课题组 2017 年调研数据。

（三）生态公益林生态补偿的调查数据收集与描述

2018年7~8月，课题组选取10个乡镇40个村的520户进行访谈和问卷相结合的调查。本次调查采用多阶段分层抽样的方法，首先选取泰宁、建宁、明溪、清流和宁化5县作为样本县，因为这5个县是福建省的重要林区，森林覆盖面积均超过75%，境内包含闽江源、峨眉峰和君子峰等多个国家自然保护区。其次在每个样本县各选取2个样本乡镇。再次在每个乡镇选择4个样本村。最后在每个村随机抽调15~20户农户作为调查对象。在正式调查前通过预调查对问卷进行了完善。本次调查共回收有效问卷447份，问卷有效率为85.96%。

在受访者中，男性居多，占78.97%，平均年龄为46.32岁，其中40~59岁占72.48%，家庭人口规模3~5人为主，占78.52%，学历普遍偏低，初中及以下者居多，占93.07%（见表2-3）。

表2-3　生态公益林生态补偿受访者基本情况

指标	类别	样本数（人）	比例（%）	指标	类别	样本数（人）	比例（%）
性别	男	353	78.97	家庭人口数（人）	1~2	12	2.68
	女	94	21.03		3~5	351	78.52
					>6	84	18.79
年龄（岁）	<40	87	17.46	文化程度	小学及以下	113	25.28
	40~49	219	48.99		小学	126	28.19
	50~59	105	23.49		初中	177	39.60
	>60	36	8.05		高中或中专以上	31	6.94

资料来源：课题组2018年调研数据。

（四）生态补偿与农户增收的调查数据收集与描述

2019年7~8月，课题组对福建省三明市的梅列区、三元区、永安市、沙县、大田县、尤溪县、将乐县、泰宁县、建宁县、宁化县、清流县和明溪县12个县市开展关于生态补偿的调查。课题组根据闽江源人口的分布情况，运用多阶段分层抽样的方法在每个县市随机选取 1~3 个样本乡镇，每个乡镇随机选取 2~5 个样本村，并在样本村内随机调查 10~20 户农户。用问卷调查和访谈相结合的方式进行入户调查，调查问卷内容主要包括户主的基本情况、家庭基本情况、参与生态补偿、林权交易、林业抵押贷款等。在正式调查前通过预调查对问卷进行了完善。本次调查共涉及 12 个市县区 29 个乡镇的 88 个村，累计发放问卷 1300 份，回收有效问卷 1126 份，问卷有效率为 86.6%，样本代表性良好。

从受访对象的个人特征来看，男性占 74.87%，60 岁以上占 52.75%，普遍受教育程度偏低，小学及以下者居多，占 70.52%。从家庭特征来看，家庭人口规模 3~5 人为主，占 68.12%，家庭年人均收入低于 3026 元的占 36.86%（见表 2-4）。

表 2-4　生态补偿与农户增收受访者基本特征描述

变量	类别	样本数（人）	百分比（%）	变量	类别	样本数（人）	百分比（%）
性别	男	843	74.87	家庭人口数（人）	1~2	234	20.78
	女	283	25.13		3~5	767	68.12
年龄（岁）	20~40	28	2.49		>6	125	11.1
	40~60	504	44.76	家庭年人均收入	小于 3026 元	415	36.86
	>60	594	52.75		3026~8000 元	473	42.01
文化程度	小学及以下	794	70.52		大于 8000 元	238	21.14
	初中	320	28.41				
	高中以上	12	1.07				

注：家庭人均收入 3026 元为 2016 年的国家贫困标准线。

资料来源：课题组 2019 年调研数据。

从受访者分布区域来看，分布少的市区（梅列区和三元区）农户问卷仅占 2.84%，分布最多的宁化县农户问卷占 23.8%（见表 2-5），农户问卷符合各县人口分布和占比状况。

表 2-5　样本分布区域

类别	梅列区	三元区	明溪县	清流县	宁化县	大田县
样本数（户）	16	16	95	59	268	166
占比（%）	1.42	1.42	8.44	5.24	23.80	14.74
类别	尤溪县	沙县	将乐县	泰宁县	建宁县	永安市
样本数（户）	107	87	59	95	111	47
占比（%）	9.50	7.73	5.24	8.44	9.86	4.17

资料来源：课题组 2019 年调研数据。

二、社会经济环境数据

社会经济环境数据主要来源于历年《福建统计年鉴》《福建省水资源公告》《三明统计年鉴》《梅列统计年鉴》《三元统计年鉴》《永安统计年鉴》《明溪统计年鉴》《清流统计年鉴》《宁化统计年鉴》《大田统计年鉴》《尤溪统计年鉴》《沙县统计年鉴》《将乐统计年鉴》《泰宁统计年鉴》和《建宁统计年鉴》，福建省及三明市 12 个县市环境保护状况公报、环境质量报告、国民经济和社会发展统计公报。另外，因原三元区和梅列区合并为三元区，所以研究时将两区数据整理汇总为三元区的数据。同时，为了消除因通货膨胀、数据的数量级和量纲不同对评估结果的影响。以 2005 年为基期，用 CPI 指数将逐年的 GDP、城乡居民可支配收入及环境污染治理投入费用折算为 2005 年的水平，然后将原变量数据进行标准化处理。

三、空间数据

高程（DEM）、土地利用现状数据（2005～2019 年）来源于中国科学院资源环境科学数据中心。坡度数据根据 DEM 数据在 ARCGIS 下的坡度命令提取生成，利用公式 $S_u = (DEM_{max} - DEM_{ij}) / (DEM_{max} - DEM_{min})$ 在 ARC-GIS 下进行栅格运算计算所得，以上数据在 ARCGIS 下进行重采样生成 250×250 的数据。ENVI、EVI、NPP 和植被覆盖等数据来源于 NASA 数据中心数据。气象数据是在中国气象局网站下载的三明市及周边 2005~2019 年的年降雨量和年温度，然后对这 15 年的数据进行平均，并在 ARCGIS 下进行空间插值生成 250×250 的栅格数据。人口密度、人均 GDP 和废水排放量均来自 2005~2019 年《三明统计年鉴》，并利用 ARCGIS 转为空间 250×250 的栅格数据。每个指标的空间栅格数据的坐标系统为 GCS_XIAN1980 坐标，投影为 Gauss_Kruge 投影。

第三章

闽江源经济发展分析

第一节 闽江源经济发展现状分析

一、总体经济发展现状

1993~2022 年，三明市经济发展呈现持续增长态势，在 2007 年前增速较缓，2007 年后增速加快（见图 3-1）。2022 年，三明市实现地区生产总值 3110.15 亿元，比 1993 年的 99.99 亿元增加了 3010.16 亿元，增加约 31 倍，年平均增长 18.75%。其中，第一产业从 1993 年的 34.03 亿元增加到 2022 年的 339.60 亿元，增加了 305.57 亿元，是 1993 年的 9.98 倍，年平均增长 12.19%，第二产业从 1993 年的 45.91 亿元增加到 2022 年的 1580.93 亿元，增加值为 1535.01 亿元，是 1993 年的 34.44 倍，年平均增长 19.36%，第三产业从 1993 年的 20.55 亿元增加到 2022 年的 1189.62 亿元，增加值为 1169.57 亿元，是 1993 年的 59.34 倍，年均增长 22.65%。

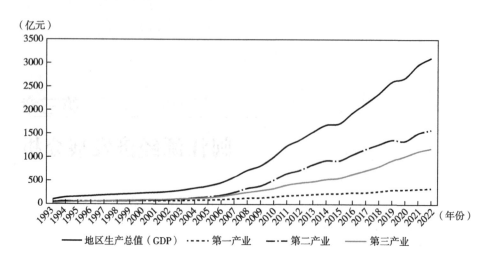

图 3-1 1993~2022 年三明市经济发展情况

二、产业结构变化

三明市的产业结构逐步演变成为橄榄形状（见图 3-2）。第一产业增加值在地区生产总值中的比重有所波动，尤其是 1995 年后，第一产业对 GDP 的贡献逐年减少。1993 年占地区生产总值的 34.04%，是地区生产总值的主要来源，而到 2022 年，第一产业增加值仅占地区生产总值的比重为 10.92%。第二产业增加值在地区生产总值中的比重呈波动状态，1993 年占地区生产总值的 45.91%，而到 2022 年，第二产业增加值占地区生产总值的比重为 50.83%，超过三明市地区生产总值的一半，佐证第二产业是三明市经济发展的主要支撑。第三产业增加值在地区生产总值中的比重也呈波动态势，先从 1993 年的 20.05% 增加到 2002 年的 38.60%，然后逐年减少到 2013 年的 31.5%，再逐年增加到 2022 年的 38.25%。其原因是近几年，三明市不断优化产业结构，大力发展二、三产业。

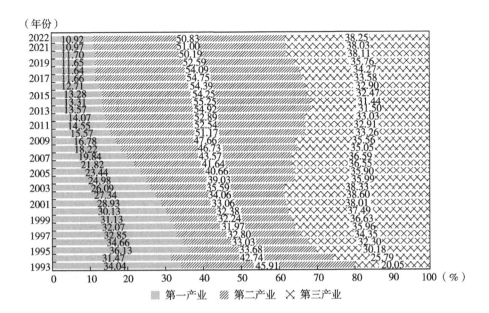

（年份）

图 3-2　1993~2022 年三明市产业结构变化

三、经济发展的空间分布

从三明市经济发展的空间分布来看，2022 年，三元区（梅列区和三元区）、沙县区和永安市对三明市地区生产总值的贡献大，贡献率分别为23.02%、12.08% 和 16.45%，两区一市对三明市地区生产总值的贡献率达 51.55%，超过了 2022 年三明市生产总值的一半，证明三明区域发展不平衡（见表 3-1）。各市县区的产业结构基本呈橄榄形，第二产业比重大，一、三产比重相对较小。二产比重占地区生产总值一半以上的有三元区、沙县区、永安市、大田县和建宁县。

表 3-1　2022 年各市县区经济发展情况及产业结构

县（市、区）	地区生产总值（亿元）	第一产业（亿元）	一产比重（%）	第二产业（亿元）	二产比重（%）	第三产业（亿元）	三产比重（%）	贡献率（%）
三元区	716.05	25.59	3.57	362.77	50.66	327.69	45.76	23.02

续表

县 （市、区）	地区生产总值 （亿元）	第一产业 （亿元）	一产比重 （%）	第二产业 （亿元）	二产比重 （%）	第三产业 （亿元）	三产比重 （%）	贡献率 （%）
沙县区	375.79	33.93	9.03	219.27	58.35	122.59	32.62	12.08
永安市	511.73	36.64	7.16	302.77	59.17	172.32	33.67	16.45
明溪县	127.08	23.62	18.59	59.61	46.91	43.85	34.51	4.09
清流县	163.93	30.68	18.72	76.67	46.77	56.58	34.51	5.27
宁化县	239.14	31.13	13.02	104.42	43.66	103.59	43.32	7.69
大田县	258.38	43.27	16.75	132.39	51.24	82.72	32.01	8.31
尤溪县	262.65	55.10	20.98	96.23	36.64	111.32	42.38	8.44
将乐县	194.57	22.17	11.39	95.37	49.02	77.03	39.59	6.26
泰宁县	99.69	15.94	15.99	40.58	40.71	43.18	43.31	3.21
建宁县	161.15	21.54	13.37	90.84	56.37	48.76	30.26	5.18
合计	3110.14	339.60	10.92	1580.92	50.83	1189.62	38.25	100.00

"十三五"时期，全市地区生产总值突破 2000 亿元，2020 年达 2702.19 亿元，较 2015 年的 1712.99 亿元增加近 1000 亿元，增长 40.7%（见图 3-3）。人均地区生产总值突破 10 万元，较 2015 年增加 3.6 万元，增长 36.6%。地方一般公共预算收入突破 100 亿元。2019 年，三明市财政收入为 168.41 亿元，一般公共财政收入为 107.8 亿元。到 2020 年全市一般公共预算总收入 170.15 亿元，比 2019 年增长 1.0%，其中，地方一般公共预算收入 111.16 亿元，增长 3.2%；一般公共预算支出 334.85 亿元，增长 5.8%。2020 年工业增加值 1022.10 亿元，比上年增长 3.0%，其中规模工业增加值增长 3.1%。2020 年居民人均可支配收入 30302 元，比上年增长 5.6%。其中，农村居民人均可支配收入 19533 元，增长 6.7%；城镇居民人均可支配收入 39259 元，增长 3.5%。农村居民食品消费支出占消费总支出的比重为 36.0%，城镇居民为 35.4%。

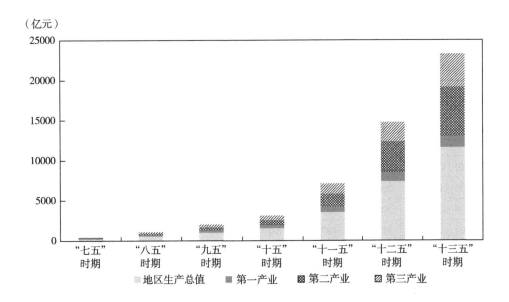

（亿元）

图3-3　三明市不同时期经济发展状况

第二节　闽江源收入差距分析

在第一节对闽江源经济发展现状分析的基础上，为进一步探究闽江源经济发展情况，本节结合闽江源2005~2022年的经济发展数据，计算了城乡居民家庭人均收入差异和城乡居民基尼系数，对闽江源的收入情况进行了分析。

一、闽江源城乡居民家庭收入差异变动状况

城乡居民家庭的收入差异不仅反映在城乡之间，还反映在城镇和农村内部，它能够反映出区域的经济发展平衡状况。本书结合闽江源2005~2022年不同组别的农村居民家庭人均收入水平和城镇居民家庭人均年收入

水平，根据不同年份不同组别收入，计算了城镇和农村居民家庭人均收入水平的均值、标准差及变异系数（见表3-2），来反映城镇和农村内部收入的差异程度，探究闽江源居民收入情况。

表3-2　2005~2022年闽江源不同组别居民家庭人均收入水平

单位：元

年份	低收入户	中低收入户	中等收入户	中高收入户	高收入户	均值	标准差	变异系数
2005	1900.00	2921.00	3937.00	5217.00	8089.00	4412.80	2141.36	0.49
2006	2067.00	3273.00	4328.00	5656.00	8708.00	4806.40	2281.61	0.47
2007	2307.00	3683.00	4837.00	6364.00	9839.00	5406.00	2587.10	0.48
2008	2438.00	4054.00	5505.00	7275.00	11626.00	6179.60	3157.09	0.51
2009	2844.00	4529.00	5957.00	7722.00	12135.00	6637.40	3184.28	0.48
2010	3206.00	5016.00	6619.00	8693.00	13006.00	7308.00	3374.61	0.46
2011	3005.00	5689.00	7757.00	10150.00	17383.00	8796.80	4895.68	0.56
2012	3869.00	6638.00	8804.00	11746.00	18984.00	10008.20	5178.48	0.52
2013	4135.00	7220.00	9713.00	13079.00	21588.00	11147.00	5989.87	0.54
2014	6282.11	11708.08	17813.20	24984.48	39786.45	20114.86	11644.75	0.58
2015	6774.18	14144.83	20890.85	29246.07	47019.99	23615.18	13858.00	0.59
2016	7749.61	15247.44	21766.74	31250.93	55275.48	26258.04	16437.20	0.63
2017	8676.16	16564.97	23868.83	34779.84	62835.32	29345.02	18823.70	0.64
2018	9367.00	17922.00	25532.00	36909.00	68714.00	31688.80	20609.75	0.65
2019	10226.00	19850.00	28138.00	40312.00	74344.00	34574.00	22206.40	0.64
2020	11410.00	20345.00	29788.00	41885.00	78612.00	36408.00	23400.51	0.64
2021	12559.00	23520.00	33936.00	46473.00	79281.00	39153.80	22989.94	0.59
2022	14925.00	27518.00	38901.00	53615.00	89167.00	44825.20	25581.69	0.57

注：2006~2012年为农村居民人均纯收入，自2013年起，三明市开展了城乡一体化住户收支与生活状况调查，2013~2019年的数据来源于此项调查，为居民人均可支配收入。与2014年前分城镇和农村住户调查的调查范围、调查方法、指标口径有所不同。

资料来源：根据历年《三明统计年鉴》测算。

由表3-2可知，2005~2022年，无论是高收入户还是低收入户，闽江源居民家庭收入水平均得到了很大的提高。低收入户人均收入水平由 2005 年的 1900 元增加到 2022 年的 14925 元，增长近 7.86 倍；高收入户人均收入水平由 2005 年的 8089 元增加到 2022 年的 89167 元，增长近 11.02 倍；总体人均收入水平由 2005 年的 4412.80 元增加到 2022 年的 44825.20 元，增长近 10.16 倍。此外，闽江源居民内部收入存在较大的差异，且随着时间的推移，居民收入的内部差异逐步拉大。就组内差异来看，2005 年闽江源居民五等分收入组中，高收入户人均纯收入是低收入户的 4.26 倍，标准差为 2141.36 元，变异系数为 0.49。2018 年居民内部收入的差距最大，变异系数为 0.65，高收入户人均可支配收入是低收入户的 7.34 倍。到 2022 年闽江源居民五等分收入组中，高收入户人均可支配收入是低收入户的 5.97 倍，标准差为 25581.69 元，变异系数为 0.57。这表明闽江源居民中低收入户收入水平远低于高收入户收入水平，但在 2020 年后有逐步缩小的趋势。

2005~2022 年，闽江源城镇居民家庭人均收入水平有了很大的提高（见表 3-3）。城镇居民最低收入户人均可支配收入由 2005 年的 4266 元增加到 2022 年的 19566 元，增长 5.17 倍；高收入户人均可支配收入由 2005 年的 18816 元增加到 2022 年的 98186 元，增长 5.37 倍。由均值来看，城镇居民人均可支配收入由 2005 年的 9719.60 元增加到 2022 年的 52207.00 元，增长 5.4 倍。城镇居民的收入差距呈现 M 字形，2005 年的变异系数为 0.51，2013 年差距最小，变异系数为 0.40，到 2020 年为最大，变异系数为 0.61。由此可知，虽然城镇居民收入水平有很大提高，但高收入户和低收入户的收入存在较大的差距。

表 3-3　2005~2022 年闽江源不同组别城镇居民家庭人均收入水平

单位：元

年份	低收入户	中低收入户	中等收入户	中高收入户	高收入户	均值	标准差	变异系数
2005	4266.00	6530.00	8376.00	10610.00	18816.00	9719.60	5005.15	0.51
2006	4587.50	7187.00	9016.00	11665.00	20599.50	10611.00	5503.30	0.52

续表

年份	低收入户	中低收入户	中等收入户	中高收入户	高收入户	均值	标准差	变异系数
2007	5351.00	8489.00	10990.00	14652.00	25976.00	13091.60	7126.85	0.54
2008	6870.00	10436.00	12694.00	15742.00	28820.50	14912.50	7533.43	0.51
2009	7470.00	11428.00	14359.00	17831.00	30256.00	16268.80	7779.23	0.48
2010	8539.50	12659.00	15292.00	19884.00	33426.50	17960.20	8565.97	0.48
2011	9493.50	14437.00	18310.00	23155.00	36638.00	20406.70	9275.12	0.45
2012	10896.29	16530.00	20597.00	26675.00	40119.00	22963.46	10006.94	0.44
2013	13332.83	19507.11	23454.39	29173.89	43734.98	25840.64	10330.26	0.40
2014	12161.58	19250.85	24325.75	31181.41	45890.48	26562.01	11495.69	0.43
2015	13178.13	21357.01	27252.59	35872.34	53235.01	30179.02	13707.04	0.45
2016	14013.13	22174.44	29555.89	39540.96	62543.61	33565.61	16754.49	0.50
2017	14706.72	24107.94	33210.26	44081.78	71413.30	37504.00	19548.48	0.52
2018	14105.00	24376.00	35046.00	48910.00	83322.00	41151.80	24036.44	0.58
2019	15331.00	26244.00	38033.00	52666.00	90694.00	44593.60	26178.08	0.59
2020	14902.00	26269.00	38634.00	54327.00	95994.00	46025.20	28211.32	0.61
2021	17163.00	29963.00	41905.00	54860.00	88913.00	46560.80	24592.60	0.53
2022	19566.00	33773.00	47170.00	62340.00	98186.00	52207.00	27008.76	0.52

注：2006～2012 年为农村居民人均纯收入，自 2013 年起，三明市开展了城乡一体化住户收支与生活状况调查，2013～2019 年的数据来源于此项调查，为城镇居民人均可支配收入。与 2014 年前分城镇和农村住户调查的调查范围、调查方法、指标口径有所不同。

资料来源：根据历年《三明统计年鉴》测算。

2005～2022 年，闽江源农村居民家庭人均可支配收入有较大提高（见表3-4）。农村最低收入户人均可支配收入由 2005 年的 1900 元增加到 2022 年的 12224 元，增长 6.43 倍，年平均增长 10.90%。高收入户人均可支配收入由 2005 年的 8089 元增加到 2022 年的 76377 元，增长 9.44 倍，年均增长 13.28%。由均值来看，农村人均可支配收入由 2005 年的 4412.80 元增加到 2022 年的 36992.20 元，增长 8.38 倍，年均增长 12.53%。农村居民的变异系数较大，其中，2010 年的变异系数最小为 0.46，绝大多数年份的变异系数均在 0.5 以上，2016 年变异系数最大为

0.64。由此可知，虽然闽江源农村居民收入水平有很大提高，但农村居民收入存在较大的差距。

表3-4　2005~2022年闽江源不同组别农村居民家庭人均收入水平

单位：元

年份	低收入户	中低收入户	中等收入户	中高收入户	高收入户	均值	标准差	变异系数
2005	1900.00	2921.00	3937.00	5217.00	8089.00	4412.80	2141.36	0.49
2006	2067.00	3273.00	4328.00	5656.00	8708.00	4806.40	2281.61	0.47
2007	2307.00	3683.00	4837.00	6364.00	9839.00	5406.00	2587.10	0.48
2008	2438.00	4054.00	5505.00	7275.00	11626.00	6179.60	3157.09	0.51
2009	2844.00	4529.00	5957.00	7722.00	12135.00	6637.40	3184.28	0.48
2010	3206.00	5016.00	6619.00	8693.00	13006.00	7308.00	3374.61	0.46
2011	3005.00	5689.00	7757.00	10150.00	17383.00	8796.80	4895.68	0.56
2012	3869.00	6638.00	8804.00	11746.00	18984.00	10008.20	5178.48	0.52
2013	4135.00	7220.00	9713.00	13079.00	21588.00	11147.00	5989.87	0.54
2014	4671.65	7960.21	10783.50	14707.39	25345.36	12693.62	7134.81	0.56
2015	4322.39	9159.18	13465.28	18565.59	32351.89	15572.87	9619.17	0.62
2016	5419.42	10052.69	14635.55	19734.78	37952.48	17558.98	11250.68	0.64
2017	6043.33	11333.45	15913.35	21673.01	41346.81	19261.99	12184.91	0.63
2018	6509.00	12168.00	17695.00	24041.00	43988.00	20880.20	12934.76	0.62
2019	6775.00	13762.00	19835.00	26421.00	48842.00	23127.00	14408.61	0.62
2020	8348.00	14395.00	21189.00	28450.00	51447.00	24765.80	14935.53	0.60
2021	9913.00	18623.00	27101.00	36613.00	63492.00	31148.40	18440.06	0.59
2022	12224.00	21475.00	31669.00	43216.00	76377.00	36992.20	22237.27	0.60

注：2006~2012年为农村居民人均纯收入，自2013年起，三明市开展了城乡一体化住户收支与生活状况调查，2013~2019年的数据来源于此项调查，为农村居民人均可支配收入。与2014年前分城镇和农村住户调查的调查范围、调查方法、指标口径有所不同。

资料来源：根据历年《三明统计年鉴》测算。

由表3-3和表3-4可知，2005年，农村居民高收入户人均可支配收入处于城镇中等偏低收入。2022年，城镇居民低收入户人均可支配收入

19566元，为农村居民低收入户人均可支配收入12224元的1.6倍。城镇居民高收入户人均可支配收入为98186元，为农村居民高收入户人均可支配收入76377元的1.29倍。由2005~2022年收入均值来看，在2005年城镇人均可支配收入8433.83元是农村人均可支配收入4011.15元的2.1倍，在2022年为1.41倍。2000~2019年，闽江源城乡收入比呈现波动下降（见图3-4）。闽江源城乡居民收入差距最大为2007年的2.77倍，最小为2022年的1.92倍，整体来看，城乡差距在不断缩小。

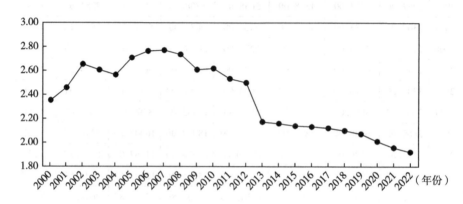

图3-4　2000~2022年闽江源城乡居民收入比

资料来源：根据历年《三明统计年鉴》城市居民可支配收入和农村居民可支配收入计算。

二、闽江源基尼系数测度

为进一步研究闽江源城乡居民收入差距程度，本书根据闽江源公布的城镇居民和农村居民不同组别收入水平的人均可支配收入五等分分组数据（2005~2013年为人均纯收入），采用董静和李子奈等（2004）提出的修正城乡加权算法，计算出了闽江源的基尼系数，其计算结果如表3-5所示。

表3-5　2005~2022年闽江源及城乡居民基尼系数

年份	闽江源	城镇	农村
2005	0.344	0.350	0.344

年份	闽江源	城镇	农村
2006	0.339	0.352	0.339
2007	0.341	0.367	0.341
2008	0.358	0.341	0.358
2009	0.341	0.333	0.341
2010	0.334	0.331	0.334
2011	0.380	0.325	0.380
2012	0.361	0.318	0.361
2013	0.371	0.297	0.371
2014	0.398	0.318	0.380
2015	0.402	0.330	0.414
2016	0.415	0.351	0.417
2017	0.422	0.363	0.413
2018	0.424	0.394	0.410
2019	0.421	0.395	0.412
2020	0.419	0.408	0.401
2021	0.397	0.368	0.399
2022	0.390	0.363	0.402

资料来源：根据历年《三明统计年鉴》测算。

由表 3-5 和图 3-5 可知，2005~2022 年，闽江源、城镇、农村总体基尼系数均呈现出缓慢波动的趋势。2005~2022 年，闽江源的基尼系数由 2005 年的 0.344 增加到 2022 年的 0.390，增长了 13.07%，年均增长 0.73%。城镇基尼系数由 2005 年的 0.350 增加到 2022 年的 0.363，增长了 3.79%，年均增长了 0.22%。2015~2020 年，闽江源农村居民基尼系数总体呈现高位缓升的趋势，农村居民基尼系数由 2005 年的 0.344 增加到 2022 年的 0.402，增长了 16.58%，年均增长 0.91%。

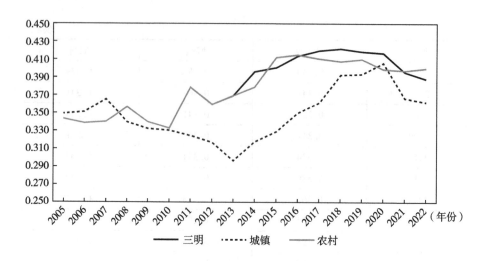

图3-5　2005~2022年闽江源及城乡居民基尼系数

资料来源：根据历年《三明统计年鉴》测算。

上述分析表明，闽江源总体基尼系数在2005~2022年年均增长0.73%，农村居民基尼系数年均增长0.91%，城镇居民基尼系数年均增长0.22。由表3-5和图3-5进一步可知，农村居民基尼系数在2005~2022年均大于城镇居民基尼系数，闽江源的总体基尼系数则均大于农村居民基尼系数和城镇居民基尼系数。

第三节　闽江源经济发展收敛性分析

为进一步研究闽江源区域经济发展差距的动态趋势，本节重点对闽江源经济发展的收敛性进行分析。其中，经济发展水平用人均GDP进行表征，利用闽江源2005~2022年的统计数据，根据《三明市城市总体规划（2010—2030）》的"一轴两翼"的空间布局，将闽江源分为主轴区、西翼区和东翼区，主轴区为三元区、沙县区和永安市2区1市，西翼区为将乐县、泰宁县、建宁县、宁化县、清流县、明溪县6个县，东翼区为尤溪县和大田县2个县，并以2005年为基期剔除了价格因素的影响。闽江源各市县区的经济发展水平如表3-6所示。

表3-6　2005~2022年闽江源各市县区经济发展水平（人均GDP）

单位：元/人

年份	三明市	三元区	沙县区	永安市	明溪县	清流县	宁化县	大田县	尤溪县	将乐县	泰宁县	建宁县
2005	14909	24070	17507	21696	12497	10293	7178	8740	12041	14088	17618	12039
2006	17181	27259	20131	34931	14633	11756	8275	10110	13952	16387	20843	13704
2007	20749	33018	24439	29901	17949	14612	10263	12083	16483	19649	25070	16608
2008	25407	42509	30077	35520	21485	17811	12350	15021	18983	23500	30257	20701
2009	30370	47015	35600	41243	24751	24790	16100	20401	22260	28622	34075	28407
2010	35749	80401	40978	56265	27394	29041	16468	23264	23692	30751	34562	28627
2011	48376	73038	58015	64847	39277	39078	26837	35272	35229	46920	51974	44035
2012	53244	77508	64149	70749	43910	44893	29630	39585	39533	51974	58013	49623
2013	53063	112226	62606	81799	41902	45596	24631	36219	36527	49038	52413	43071
2014	57083	119528	67514	89300	46383	48660	26948	38296	40126	52595	56565	47178
2015	60272	123544	71701	94865	49559	51835	28816	40137	42694	55105	60706	51196
2016	64733	133389	76376	101203	54217	56584	31251	43260	46102	58200	65352	55707
2017	73133	161165	84321	114862	62065	67287	34218	49329	48842	65106	68481	61129
2018	81406	177272	93387	129125	68545	75640	38425	54518	54374	73538	75813	69021
2019	90180	201814	115712	131050	90965	95199	52040	52342	47572	84542	72082	85741
2020	93873	204588	119518	136112	95040	100936	54325	55132	49711	88749	75012	90950
2021	103013	224907	131042	149943	105159	103186	61442	60559	55492	97274	74730	98605
2022	108895	235516	139163	158429	110281	108465	65251	63283	59131	105174	73218	105646

资料来源：根据历年《三明统计年鉴》测算。

一、闽江源经济发展 σ 收敛分析

依据表3-6的数据，用标准差计算公式分别计算闽江源、主轴区、西翼区和东翼区的经济发展水平标准差，计算结果如表 3-7 所示。从表 3-7 和图 3-6 中可以看出，2005～2022 年闽江源和主轴区的经济发展水平的标准差波动增大，西翼区的经济水平标准差持续拉大，东翼区的经济发展水平标准差呈波动变化，相对平缓，从标准差较难判断闽江源、主轴区、西翼区和东翼区存在 σ 收敛。

表 3-7　2005～2022 年闽江源经济发展水平标准差　　　　单位：元

年份	闽江源	主轴区	西翼区	东翼区
2005	5068.90	2713.27	3210.57	1650.50
2006	7545.70	6043.44	3881.54	1921.00
2007	6925.78	3545.71	4537.16	2200.00
2008	8775.15	5088.41	5435.33	1981.00
2009	8863.34	4660.25	5459.18	929.50
2010	17338.06	16229.04	5556.31	213.70
2011	13334.35	6141.47	7865.43	21.50
2012	13872.74	5453.92	8812.89	26.00
2013	23507.88	20429.46	8851.80	153.82
2014	25038.51	21327.58	9361.46	915.12
2015	25805.38	21204.65	9942.67	1278.46
2016	27636.83	23340.07	10586.67	1421.05
2017	33925.36	31590.63	11696.45	243.62
2018	37342.28	34370.67	13024.82	72.15
2019	42390.03	37499.86	14429.58	2385.27
2020	42670.97	36819.68	15496.35	2710.74
2021	47111.39	40534.50	16224.24	2533.56
2022	49638.22	41629.68	18213.73	2076.05

资料来源：根据历年《三明统计年鉴》测算。

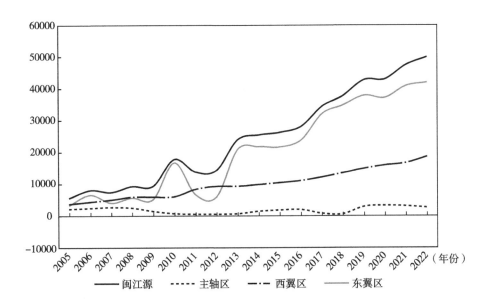

图 3-6　2005~2022 年闽江源经济发展水平标准差变化趋势

　　仅用标准差较难判断闽江源不同区域经济发展的收敛性，为进一步研究闽江源不同区域经济发展的收敛性，根据表 3-7 的数据，计算闽江源经济发展的变异系数，计算结果如表 3-8 所示。从表 3-8 和图 3-7 不同区域经济发展变异系数的变化趋势可以看出，闽江源经济发展水平的变异系数依次大于主轴区、西翼区和东翼区的变异系数，且相对稳定，闽江源和主轴区变异系数的变化趋势基本一致，总体上都是呈波动状态，到 2017 年后趋于稳定，具有一定的收敛性。同样地，西翼区和东翼区经济发展水平的变异系数变动趋势基本一致，呈不波动下降态势，有一定的收敛性。而闽江源的经济发展水平变异系数波动，在 2009 年前有明显的收敛性，2009 年后有一定的波动发散性，整体较难判断其经济发展的收敛性。

表 3-8　2005~2019 年闽江源经济发展水平变异系数

年份	闽江源	主轴区	西翼区	东翼区
2005	0.3534	0.1286	0.2613	0.1588

续表

年份	闽江源	主轴区	西翼区	东翼区
2006	0.4323	0.2202	0.2721	0.1597
2007	0.3462	0.1218	0.2614	0.1540
2008	0.3599	0.1412	0.2586	0.1165
2009	0.3016	0.1129	0.2090	0.0436
2010	0.4872	0.2741	0.1998	0.0091
2011	0.2851	0.0941	0.1902	0.0006
2012	0.2679	0.0770	0.1902	0.0007
2013	0.4413	0.2388	0.2069	0.0042
2014	0.4350	0.2315	0.2018	0.0233
2015	0.4236	0.2193	0.2007	0.0309
2016	0.4213	0.2252	0.1977	0.0318
2017	0.4569	0.2630	0.1959	0.0050
2018	0.4516	0.2579	0.1949	0.0013
2019	0.4531	0.2508	0.1802	0.0477
2020	0.4386	0.2400	0.1841	0.0517
2021	0.4458	0.2404	0.1801	0.0437
2022	0.4463	0.2343	0.1924	0.0339

资料来源：根据历年《三明统计年鉴》测算。

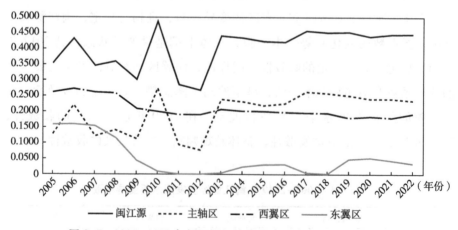

图3-7 2005~2022年闽江源经济发展水平变异系数变化趋势

二、闽江源经济发展绝对 β 收敛分析

为进一步探究闽江源不同区域经济发展的收敛性，本书对闽江源不同区域经济发展 β 收敛进行分析。区域经济发展 β 收敛是指经济发展水平较低地区的经济发展水平增长速度快于经济发展水平较高的地区，最后到达某种稳定状态，它要求不同地区具有一样的"基本特征"，即具有相同的外界因素。

令闽江源不同区域第 i 区域第 t 期和第 $t+1$ 期的经济发展水平分别为 $I_{i,t}$ 和 $I_{i,t+1}$，$I_{i,t+1}/I_{i,t}$ 为从第 t 期和第 $t+1$ 期经济发展水平的年均增长率，则闽江源不同区域经济发展水平的绝对 β 收敛模型为：

$$\ln((I_{(i,t+1)}/I_{(i,t)})/T) = a + b\ln(I_{(i,t)}) + u_{(i,t)} \tag{3-1}$$

式中，a 是常数项；b 是基期经济发展水平值的系数；$u_{(i,t)}$ 为随机误差项。为了能够有效利用样本数据，并使计量回归的时间序列具有连续性，令 $T = 1$。所以，闽江源不同区域经济发展水平增长的绝对 β 收敛，用公式表示如下：

$$\ln(I_{(i,t+1)}/I_{(i,t)}) = a + b\ln(I_{(i,t)}) + u_{(i,t)} \tag{3-2}$$

式中，如果 b 显著为负，表示各地区经济发展水平的增长速度和初始值是反向关系，经济发展水平较低的地区对经济发展水平较高的地区有着"追赶"的态势，即存在绝对 β 收敛。反之，如果 b 显著为正，那么不存在绝对 β 收敛。

本书用 Stata 软件对闽江源不同区域的经济发展绝对 β 收敛进行回归检验，具体计算结果如表 3-9 所示。在进行 β 收敛分析时，首先通过 Hausman 检验选择适宜的回归模型（固定效应模型或随机效应模型）。从表 3-9 中可知，闽江源的 Hausman 检验均在 1% 的水平上显著，所以都选择固定效应模型，主轴区、西翼区和东翼区的 Hausman 检验均在 1% 的水平上不显著，所以都选择随机效应模型。下面分析经济发展绝对 β 收敛情况。

表 3-9 闽江源经济发展绝对 β 收敛回归结果

区域	模型	a	b	Hausman	P 值	结论
闽江源	FE	1.036*** (7.52)	-0.086*** (-6.67)	11.43	0.0007	固定效应
	RE	0.797*** (6.57)	-0.063*** (-5.60)			
主轴区	FE	1.061*** (3.83)	-0.084*** (-3.39)	1.619	0.205	随机效应
	RE	0.961*** (3.63)	-0.075*** (-3.17)			
西翼区	FE	0.937*** (5.38)	-0.077*** (-4.69)	0.70	0.404	随机效应
	RE	0.888*** (5.47)	-0.073*** (-4.74)			
东翼区	FE	1.515*** (3.91)	-0.136*** (-3.66)	0.02	0.898	随机效应
	RE	1.526*** (4.12)	-0.137*** (-3.85)			

注：***表示在1%的水平上显著，括号内为 t 统计量。

从闽江源来看，期初经济发展水平的系数估计值是-0.086，且在1%的水平上显著，说明期初经济发展水平与其增长率呈反比关系，闽江源经济发展水平存在绝对 β 收敛，也就是说闽江源11个区市县的经济发展水平趋向于一个相同的稳态方向发展。从主轴区来看，期初经济发展水平的系数估计值为-0.075，且在1%的水平上显著，说明主轴区的2区1市均存在绝对 β 收敛。从西翼区来看，起初经济发展水平的系数估计值为-0.077，且在1%的水平上显著，说明西翼区的6个县均存在绝对 β 收敛。从东翼区来看，起初经济发展水平的系数估计值为-0.137，且在1%的水平上显著，说明东翼区的2个县均存在绝对 β 收敛。也就是说，闽江源、主轴区、西翼区和东翼区的内部经济发展差距在逐步缩小，期初经济发展水平较低的县对期初经济发展水平较高的县有显著的"追赶"效应，最后达到某种稳定的发展状态。

第四章

闽江源生态补偿实践分析及评价

本章是在第三章对闽江源经济发展分析的基础上，进一步对闽江源生态补偿案例和存在的问题进行分析，试图探究闽江源生态补偿"怎么补"的问题。

第一节　闽江源生态补偿实践案例分析

闽江源是福建的生态重点功能区，尤其是宁化、清流、明溪、建宁和泰宁属于省重点生态保护区域县（唐丹等，2016）。2016 年福建省人民政府出台的《福建省人民政府关于健全生态补偿机制的实施意见》中明确指出，"要结合生态补偿推进精准扶贫，在生存条件差、生态系统重要、需要保护修复的地区，坚持生态保护与脱贫攻坚并重，加快实施易地扶贫搬迁工程，结合生态环境保护和治理，探索生态脱贫新路子。生态补偿资金、重大生态工程项目和资金按照精准扶贫、精准脱贫的要求向贫困地区倾斜，向建档立卡贫困人口倾斜。创新资金使用方式，利用生态补偿和生态保护工程资金使当地有劳动能力的部分贫困人口转为生态保护人员。重点生态功能区转移支付要考虑贫困地区实际状况，加大投入力度，扩大实施范围。支持贫困县依托生态资源，发展绿色产业，拓展农户增收空间。完善生态保护补助奖励政策，对重点水土流失治理区农户生活燃料给予补助"。三明市政府出台的《生态扶贫工作方案》指出，"贫困人口通过参与生态保护、生态修复工程建设和发展生态产业提高收入水平。提高生态补偿水平，具有劳动能力的贫困户转化为生态护林员，建设扶贫农村专业合作社（协会），吸纳贫困人口参与生态工程建设，通过大力发展生态产业，带动贫困人口增收"。本章通过对闽江源各市县区实地调查走访，收集了不同生态补偿的案例，归纳起来主要形成参与生态工程建设、发展生态产业和创新产权制度改革几种模式。

一、生态保护项目建设促进经济发展的实现路径分析

生态保护建设促进经济发展是指农户通过参与生态保护、生态修复工程建设、生态搬迁等生态项目提高收入水平的一种生态补偿方式。闽江源主体功能主要采取生态公益林保护、防护林保护、水源地保护和生态搬迁等方面的生态补偿带动农户增收，促进当地经济健康发展。

（一）生态保护项目建设促进经济发展的实践案例分析

1. 生态公益林补偿

闽江源生态补偿办法由福建省统一制定，经费来源主要是国家生态公益林和省级生态公益林的财政转移支付补助。闽江源从 2001 年开始实施森林生态效益补偿政策。2019 年，福建启动森林生态效益分类分档补助政策，引导生态公益林向乔木林等生态功能强的林种转换，提高生态效益。其中，对省级以上生态公益林中的经济林、竹林补助 22 元/亩；乔木林和其他地类补助提高 1 元/亩，即补助 23 元/亩。并且从 2013 年起福建设立林下经济发展专项，对林下种植、林下养殖及森林景观利用等项目予以补助，在坚持生态优先的前提下探索合理利用森林资源的途径。扶持各地发展林下经济，促进林农增收，一定程度上弥补林权所有者因生态保护受到的损失。同时地处闽江源的各级政府设立生态保护公益性岗位，并优先安排当地家庭困难的劳力就业。例如，围绕生态公益林、公共基础设施和生

态林管护、常态巡查、常态养护、日常保洁、日常后勤保障，即设立护林
员、管理员（污水处理和农田基础设施常态管护/乡镇机关和农村中小学
日常后勤保障）、巡查员（小型水库常态安全巡查）、养护员（乡村公路
常态养护）、保洁员（美丽乡村日常保洁）。并依托生态保护工程、农村基
础设施、美丽各村建设、乡镇机关单位，创新有关专项资金使用方式，设
置"五大员"。

2. 生态搬迁补偿

生态搬迁是为保护生态环境，将生活在生态脆弱区或不易生存地区的
人口整体搬迁到适宜生活的地方，其实质是改变了农民的居住环境，缓解
原住地的人地矛盾，拓展了社会关系，带动了地区经济的发展，推动了经
济结构的调整，促进农户的收入增加。同时还能够有利于经济发展和生态
环境协调发展，达到生态保护和农户增收致富的双重效应。闽江源紧紧围
绕"搬得出、稳得住、能致富"的目标，对 33705 户农户实施了生态搬
迁。例如，清流县生态搬迁的经验做法是：①选择交通便利，产业发展较
好的地区，且靠近公路集中安置。②结合美丽乡村建设进行统一规划、统
一建设，政府完成四通一平工程，新建房屋按 600 元/平方米给搬迁移
民，对低收入人口进行相应的政策补贴。③鼓励农民主动融入主村主导产
业，如新村依托主村发展花卉、豆腐皮等农特产业。④加大对农民的技能
培训，提升其内生动力，使其能够独立自主发展。例如，嵩溪镇元山村的
古楼和合船两个自然村整体搬迁后，为农民提供到邻镇工业园区的金星加
工园区、红火水泥厂等企业就业，促进农民工资性收入增加。为提高农民
的内生动力，自我发展能力和自我创业能力，易地搬迁后加强对农民进行
劳动技能培训、电商培训等方面的培训，使每人掌握 1~2 门实用技术，扩
大群众就业面。大田县生态搬迁的经验做法是：①人口集中。通过坚持把
"造福工程"搬迁与防灾减灾体系建设相结合，将翁厝莲花山、红山、西
坪等偏僻自然村、地质灾害户等村民集中搬迁安置，解决了 640 多名偏远
群众"读书难、看病难、交通难"的"三大难"问题，有效地改善了群众
生产生活条件。②土地集中。利用土地增减挂钩政策，迁村并点、拆旧建

新,最大限度地节约、集约利用土地,实现城市建设用地增加与农村建设减少相挂钩。③产业集中。按照"宜农则农、宜商则商、宜工则工"的原则,通过三个方面解决农户"搬得出、稳得住、能致富"的问题;利用距离集镇仅3千米的区位优势,转移搬迁农户到华伦特、锦晖木业、源宏竹木等企业工作,实现就近就业;引进大田县源生竹业有限公司入驻社区厂房,为新村点农民提供就业岗位、实体销售岗位、电商销售岗位,实现家门口就业;与桃源林场合作,发展林下经济,种植中草药材,实现生态优势向经济优势转变。

(二)生态保护项目建设促进经济发展的实现路径分析

通过上述案例梳理分析发现,闽江源生态保护项目建设富民的核心是通过政府财政转移支付,支持生态产业发展,改变人居环境,提供就业机会,促进农民收入增加,最终达到生态保护和增收的双重目标。其生态保护项目建设促进经济发展的路径如图4-1所示。

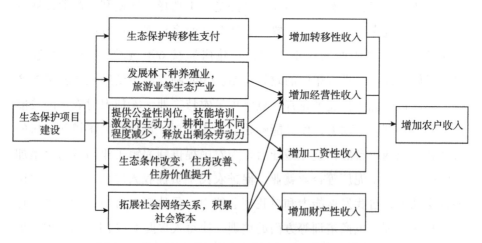

图4-1 闽江源生态保护项目建设促进经济发展的路径

生态保护项目建设首要任务是保护生态环境,在实现生态保护环境的基础上,主要通过以下几个途径实现农户增收。一是生态公益林保护的转移支付,生态建设等项目占用耕地或林地的补偿金,现金补偿增加了农户的转移性收入。二是支持农户发展林下种植业、养殖业和生态旅游等不影响生态环境的生态产业，增加农户的经营性收入，同时也可以创造更多的就业岗位，吸纳农民临时性就业，促进农民工资性收入增加。三是为农民提供与生态环境保护相关的公益性岗位，优先满足具备劳动能力的低收入人口岗位需求。加大对农民技能培训，提高劳动技能，激发内生动力，鼓励支持具备能力的农民就地创业，也为农民提供更多的就业岗位，增加了农户的经营性收入和工资性收入。在生态保护项目建设时，耕种土地不同程度减少，释放出剩余劳动力，进行劳动力转移，提高剩余劳动力就业，增加了农户的工资性收入。四是改变农户的物质资本和社会资本。生态搬迁改变了农户的生态条件和住房条件，住房的价值也得到了提升，增加了农户的财产性收入；同时拓宽了社会网络关系，积累了社会资本，增加了农户多元性多渠道的收入。

二、生态产业促进经济发展及实现路径分析

（一）生态产业促进经济发展的案例分析

生态产业发展是农村经济发展的"牛鼻子"，也是生态保护区促进产业发展的关键。闽江源的各市县区根据自身资源禀赋不断探索生态补偿产业富民模式，严格按照"分类推进，实事求是、因地制宜"原则，创新了一系列生态产业富民利益联结机制与生态产业发展模式。

1. 发展休闲旅游观光业

闽江源的各级政府利用当地的自然、人文、产业等资源的优势，推进农业、林业、畜牧业与旅游、教育、文化等产业深度融合。发展休闲度假、旅游观光、养生养老、创意农业、农耕体验、乡村手艺、田园综合体等乡村旅游产品，提高农业综合效益，促进农户经济收入增加。例如，明溪县充分发掘丰富的森林和鸟类资源，大力发展生态观鸟等乡村生态产业。打造黄金井湿地等观鸟点及观鸟走廊，先后引导全县 50 余户农户发挥就近优势，分别在夏阳乡紫云村、城关乡下汴村、夏坊乡中溪十红枫溪乡小珩村等 10 个鸟类资源相对集中的村庄建立观鸟点 20 余个。成立全省

首个观鸟旅游合作社，累计吸引全国各地观鸟爱好者近2000人前来摄影，带动了观鸟产业相关食宿、农特产销售收入，农户通过资源入股获得分红，促进了农户的收入增加。大田屏山乡依托"大仙峰·茶美人"国家AAA级旅游景区，走出了一条"旅游+农户+村财收入"的新路子。其主要做法是：由屏山乡内洋村委会负责建设用地流转、申报审批，该村18户农户集中统一贷款资金90万元（5万元/户）共同出资，建设资金不足部分由景区内的福建茶天下度假旅游开发有限公司出资并承建，以大田古堡风格为原型建设客栈1栋，总投资320万元，占地面积为1400平方米，内设18个小套房、36个床位。建成后，内洋村委会委托福建茶天下度假旅游开发有限公司负责经营管理客栈，公司将经营利润每年按7000元/户定期支付给内洋村委会（其中，3000元作为农户资金、3000元用于偿还银行贷款本息、1000元作为内洋村村财收入），同时优先提供当地农户就业，实现农户致富、村财增收；10年后，该客栈固定分红全部转为村财收入，可实现村财收入每年增加12.6万元，真正地实现农户家门口就业致富、村财稳定增收，同时带动屏山民宿旅游产业发展，激发发展旅游内生动力。

2. 发展特色种养业

闽江源生态环境优良，山区气温适宜，昼夜温差大，风速小，利于培育发展地方特色优势农业产业。闽江源各市县区大力发展优势特色农业产业，打造成优势品牌农业，已经形成一村（或多村）一品一业的特色产业发展格局，培育建立农业专业合作社、进行适度规模化、专业化生产经营，促进产业发展，增强经济活力，带动农户致富和区域经济发展的效果。如大田县蓝玉村发展智能温控大棚折价量化入股，采取"村党支部+专业合作组织+基地"模式，从土地流转、就业增收、二次分红、辐射带动等方面带动农户致富。该项目由福建省聚贤农业开发有限公司与省农业科学院合作共建，总投资600多万元，占地15亩，建设温室单体面积1.2万平方米，采用全新作物无土栽培模式，实施IPM（综合病虫害管理）和循环滴灌系统，进行以圣女果、蔬菜为主的立体种植，是集现代智能温室、无土栽培、日光温室、连栋拱棚、阴阳温室于一体的现代设施农业示范基地，实现亩产 25 吨，年总产量 375 吨、产值 400 万元以上，有效提升了农业科技含量和农业产业化水平，促进村财增收、农民致富。2017 年泰宁县众力生态种养专业合作社共有养鸭基地、养鱼基地、黄桃基地、制种基地 4 个生产基地。2016 年底，生态种养合作社为大田村村财增收 3 万余元，农户户均分红 3000 余元；2017~2018 年户均分红均为 1000 余元，促进大田村农户收入增加。

3. 发展电子商务业

闽江源各市县区通过电子商务，重建企业与农户的连接机制。通过"互联网+"。对接村委会和农户生产的农业特色产品，拓展农户的农产品销路，提升农产的附加值。例如，泰宁县依托"寻找泰味"公共平台打造电子商务平台，为农民进行电商知识培训，帮助朱口镇 12 户农户种植 100 亩 6000 株西瓜销售，2017 年完成销售额 15 万元，促进农户增收。建宁县依托 O2O 街区项目、电商产业园数据中心建设项目、闽赣省际建宁"互联网+特色农产品"建设项目等建设，对接引入猪八戒网、福州小土网络科技等企业机构落地、为建宁县电商专业提供文创、网店运营、"互联网+"、VR 等服务，园区各项公共服务日趋完善，集聚效应初显。台江区在海峡电商产业园为建宁县提供了免费的办公场所，对接文鑫莲业、源容生物、福源建莲等企业，为建宁县在福州地区提供了对接和销售窗口，有助于把农户产品销售到福州当地。

4. 发展光伏产业

地处闽江源的各市县区充分挖掘光照资源，发展光伏发电产业，促进农户增收。重点瞄准无劳动力、无资源、无稳定收入来源的"三无"农户和无集体经济收入或集体经济薄弱、资源缺乏的村，空壳村通过建设家庭分布式光伏电站，为农户开辟了稳定增收的新渠道。例如，大田县协调国家开发银行 1.5 亿元贷款，在农户屋顶或村部等公共场所建设光伏发电项目，通过"房光互补""农光互补""地光互补"三种建设模式，为全县有条件的农户建设 6 千瓦/户、空壳村建设 60 千瓦/村、乡 300 千瓦/乡的光伏发电项目，实现覆盖62%低收入家庭，空壳村全部覆盖。同时，组建了光伏维修服务站，建立光伏电站运行服务机制和工程监管机制，统一购买了财产保险，保障光伏发电有效收益20年以上，实现农户年可增收6600元、村年可增收6.6万元、乡年可增收33万元，解决了无劳动力、无资源、无稳定收入来源的农户和无集体经济收入或集体经济薄弱、资源缺乏的村、空壳村的收入问题，实现一次性投入、多年受益、稳定增收的效果，促进了经济效益、社会效益和生态效益共赢。

（二）生态产业促进经济发展的路径分析

通过上述案例梳理发现，闽江源生态产业富民的核心是在生态保护时，鼓励和支持农户发展生态产业、提供就业岗位和提升农特产品和生态产品品牌效应，增加农户收入，促进农户增收。最终实现生态环境保护和农户增收的双重效应。闽江源生态产业促进经济发展的路径如图4-2所示。

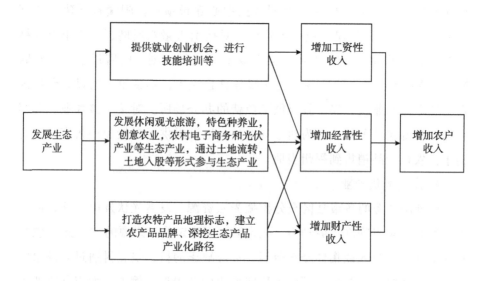

图4-2　闽江源生态产业促进经济发展的路径

闽江源在确保生态环境可持续发展和保护的条件下，依托自然资源禀赋，深入挖掘生态产品价值，鼓励支持农户发展生态产业，主要通过以下几个途径实现农户增收：一是支持农户发展休闲旅游观光、生态旅游、农家乐、生态农业、创意农业、特色种养业和农村电子商务，增加农户的经营性收入，带动农民增加工资性收入和经营性收入。二是在支持农民进行土地流转、入股等形式加入到农业生产企业，扩大农林企业的规模生产，提高生产效率，提供就业岗位，增加农民的财产性收入和工资性收入，实现经济增收效果。三是通过深入挖掘绿色生态农产品地理标志，加大绿色生态农产品认证、产品质量管理和品牌管理力度，开发绿色生态农产品，提高农产品销售价格和销售数量，直接提高农户经营性收入，从而直接提高农户家庭收入。

三、闽江源林权制度改革创新促进经济发展的实现路径分析

（一）林权制度改革创新促进经济发展的案例分析

闽江源林业资源丰富，森林覆盖面积达 78.6%。闽江源坚持践行"两山"理念，不断创新林权制度改革，增强森林生态服务和社会服务功能，促进了财政稳定增收、林农持续获利、林业增效发展、社会永久得绿。

1. 重点生态区位商品林赎买

为了兼顾林农的利益和生态效益，闽江源探索如何将重点区位内禁止采伐商品林通过购买、置换、租赁、改造提升、合作经营等方式调整为生态公益林。例如，永安市通过赎买、置换、租赁、改造提升、合作经营等方式将重点生态区位内禁止采伐的商品林调整为公益林。具体的做法有以下几点：①多渠道筹措赎买资金。赎买资金主要通过财政拨款、社会资金、赎买后森林经营的持续性收入和金融融资进行筹措。其中，财政资金每年不少于 1000 万元，森林资源补偿费 500 万元，其余资金 1500 万元，确保每年筹集资金 3000 万元以上。此外，由于森林永安建设工程赎买的重点区位商品林已经列入国家战备储备林基地建设，接受委托的永安市绿美生态工程有限公司可向国家开发银行申请年均 10000 万元的储备林贷款（傅一敏，2017）。②采取一次性补偿。一次性补偿可以为林农提供

外出就业或创业基金，拓宽其就业选择范围，摆脱依附山林的窘境（俞静漪，2009），把林农从管护山林等的劳动中解放出来，以获得更高的收入水平。③采用差异化的补偿方式。赎买资金的分配根据区域森林覆盖率，有林地面积、生态林面积、重点生态功能区面积等要素进行分配。赎买价格由林木所有权赎买和林地经营租金两个部分构成，其中，把林木所有权赎买价格按分树种分龄组计价标准进行测算，林地经营权应根据相关文件规定，结合地区经济发展状况，确定林地租用金额（余荣卓和蔡敏，2017）。沙县政府为缓解重点生态区位商品林赎买时一次性支付方式给政府带来的财政压力，根据被赎买后林子林农不能砍伐，但可以发展林下经济或生态旅游这一特点。在 2017 年提出了重点区位商品林达到采伐年限时，可以分批皆伐，但总量不超过 300 亩，同时还有两个条件：①采伐后两片林子间要留 30~50 米隔离带；②采伐后要立即补种不低于 50% 的阔叶树。到 2017 年 12 月，沙县已经完成 1300 亩提升改造林提升的验收，改造后的林子划入生态公益林，补助 23.6 元/年·亩，20% 作为管护费，80% 归林农个人所有（董建军等，2019）。同时还探索出了分类施策的新模式。对 80% 的人工商品林采取改造提升的模式，对处于水源地的天然商品林，则采取直接赎买和定向收储的方式。人工商品林改造提升模式包括：①林权所有者要按照林业部门要求进行择伐，单位封顶面积为 45 亩，收入归林权所有者；②林权所有者按 5∶5 的比例补种阔叶树和针叶树混交林；③林业部门根据成活率验收后给予 1000 元的补贴。对于处于水源地的天然商品林：①直接赎买和定向收储；②收储范围给予 1000 元/亩补助，列入重点生态公益林储备库；③林权所有者可享受生态公益林补偿金，还可发展林下经济。沙县通过创新赎买模式取得了多赢的效果，它不仅满足了林权所有者采伐林木的合理需求，还保护了生态环境。到 2018 年，闽江源有 32.5% 的林业用地区划界定为重点生态区位林，总面积为 925 万亩，其中 730 万亩为生态公益林，195 万亩为重点区位内商品林（福建三明探索森林生态市场化补偿机制）。截至 2019 年 3 月，闽江源累计筹措资金 1.71 亿元，赎买重点区位商品林 7.1 万亩，带动了林农经济收入，促进农户增收。

2. 企业代理经营的契约化生态补偿

企业代理经营的契约化生态补偿是指农户或集体以林地使用权、林地等与林业企业合作，生产经营全权委托给林业企业，林业企业代理生产经营和管理维护，收益根据双方（多方）合作协议约定进行分配。将乐县充分利用丰富的森林资源探索企业为主的契约化生态补偿，将林农较为分散、效率不高的林地资源统一由公司管理运营，整体提高林业经济效益来带动经济发展。具体做法如下：①林地使用权入股合作造林。村集体和林农以采伐迹地、宜林荒山的林地使用权入股，公司以资金和技术入股，开展股份制合作造林，更新造林和营林管理由企业全权负责，村集体和林农不参与林业经营管理，只参与分红。通过公司化经营，林木主伐年龄由 26年缩短到 21 年，每亩出材量由 7 立方米提高到 10 立方米以上。例如，将乐县金森公司与村集体和林农开展股份化合作造林，金森公司每年等额付给合作的 13 个村和 79 户农户林木主伐时 80% 的预算收益，可增收 2.6 万元/村·年，每户农户年均可获林业分红 1300 多元，有劳动能力的农户年均可收入 1100 元。②村民企合办营林公司。村委会、村民和企业三方以林地、林木、资金折股合作成立股份制营林公司，实行所有权和经营权分离，经营期为两伐林生长周期。例如，金森公司与将乐县万泉乡上华村委会及全村 205 户林农（其中农户 12 户 39 人）合作营林 2.75 万亩。金森公司每年安排 3000~4000 立方米的林木采伐指标，每年金森公司收益 110万元，村集体林地使用费和林木收益约 55 万元，林农人均收入约 500 元（廖新华等，2017）。③竹林碳汇生态补偿。村集体以竹林所有权为资源，与福建金森碳汇科技有限签订《项目委托开发合同》，公司作为项目业主，向国家申报 CCER 毛竹林碳汇项目，并承担项目开发的全部费用，项目所产生的减排量由公司进行销售收益，收益按照公司 40%、村委会 60% 分配利润，各村集体依据民主、自主的分配原则分配村民，在项目未能及时销售获利时由公司收储。

3. 绿色金融生态补偿

闽江源依托林权制度改革，先后推出了"林权按揭贷款""林权支贷宝""福林贷"等绿色金融产品，解决农户生产经营资金困难、林业生产经营周期长和贷款难等诸多问题，取得了一系列生态经济发展成效，盘活了小面积林地的林业资产，凸显了自然资源的金融价值，促进了林农增收致富和林业可持续经营。具体经验做法如下：①林权按揭贷款产品。该绿色金融产品主要是为了解决林业生产经营周期长与林权抵押贷款期限短的"短融长投"问题，与兴业等银行合作，首推国内 15~30 年期的林权按揭贷款，减轻林农林企还款压力。2020 年，全市发放林权按揭贷款 58 笔、金额 8.4 亿元。②林权支贷宝产品。该绿色金融产品主要是为了解决林权流转中买方资金不足、变更登记过程可能出现纠纷等问题，与兴业银行达成协议，在国内首推具有第三方支付——林权支贷宝，解决林业个私大户和经营组织融资难题。2020 年，全市已发放林权支贷宝 38 笔、金额 6360 万元。③林业普惠金融产品。该绿色金融产品是为了满足广大林农生产资金需求，三明市相关部门通过与农商银行合作，给每户林农授信 10 万~20 万元，年限为 3 年。这种林业普惠金融产品被称为"福林贷"，特点是整村推进、简易评估、林权备案、内部处置、统一授信、随借随还。贷款资金主要服务林业发展。为提升森林质量和林地产出率，需积极引导林农正确使用贷款资金，加大林业生产经营投入。①落实好中央财政贴息政策。贷款前基层林业部门对林农贷款用途进行实地了解调查，在宣传林业小额贷款贴息政策的前提下，鼓励林农将贷款投入竹山垦复、造林营林、林下经济、茶果经营、森林人家等中央财政贴息领域；同时后期做好贴息申请服务。②落实好造林营林补助政策。鼓励林农利用贷款资金投资造林营林，林业部门给予支持申报中央财政造林补贴 100 元/亩，省级财政再补贴 100 元/亩；中央财政森林抚育补贴 100 元/亩，省级财政再补贴 100 元/亩；不炼山造林省财政补贴 200 元/亩。③落实好油茶花卉培育补助政策。林农投资营造油茶林示范基地的，优先申报省级财政专项补助资金，其中新造油茶林基地补贴 1000 元/亩、油茶林低改补贴 500 元/亩、作业（便）道补贴 10000 元/千米、灌溉系统补贴 1000 元/立方米，以及重点生态区位油茶改造补贴 500 元/亩。林农投资建设智能温室、花卉大棚等设施林业的，林业部门优先立项、优先申报省级财政花卉产业发展项目补助资金。

4. 生态资源资产证券化

闽江源在全国率先试行林票制，探索如何将"资源产业化、资源资产化、资产证券化"的新路子。"林票制"是指国有林业企事业单位与村集体经济组织及成员共同出资造林或合作经营现有林分，由合作双方按投资份额制发的股权（股金）凭证（陈丽萍，2020）。其具体做法是：在当地林业部门的监督管理下，国有林业企事业单位出资超过50%的资金，村集体经济组织及成员出资少于50%的资金共同造林。国有林业企事业单位根据合作造林山场所需投入资金制发林票，制发林票分别由合作经营林地所在村民小组成员、本村集体经济组织成员以及村集体依次认购，如资金投入仍然不足再向社会公开募捐或吸引社会资本进行投资。在林票交易时，不允许国有林业企事业单位持有的股权进行流转，允许股权超过15%的村集体经济组织持有的股权经村民代表大会决定可以流转，还允许村集体经济组织成员和社会资本所持有的林票在农村产权交易中心挂牌交易，但需设定挂牌底价和上限价。在利益分配时，国有林业企事业单位与村集体经济组织按各自的投资比例承担造林、幼林抚育、施肥及其他促进林分生长的营林措施等费用。合作经营的林木主伐时，国有林业企事业单位应按照三明市人民政府《关于调整提高林地使用费标准维护林区稳定的通知》规定的林地使用费标准向出让林地经营权的村集体经济组织或村民小组支付林地使用费（陈丽萍，2020）。截至2020年底，林票制已经在全市152村推行，发行林票总额1.05亿元，有5.9万村民参与。

（二）林权制度改革创新促进经济发展的路径分析

纵观闽江源林权改革的历程，其核心是放活林地经营权，赋能绿色发展。形成了"四共一体""林票制"的一条生态资源从产业化到资产化，再到证券化的生态产业化发展路径。其关键做法是：一是生态资源"产业化"，让资源优势成为产业优势；沙县针对林业生产投入不足、经营粗放、管理低下等问题，探索林业"四共一体"合作经营模式，创新重点生态区位商品林赎买机制，大力发展林下经济，形成了有利于林业产业化发展的机制。二是生态资源"资产化"，把绿色资源转化为绿色资产；针对林业融资渠道少、成本高、期限短、产品单一等问题，通过搭建林权抵押贷款平台，推广"福林贷"等普惠林业金融产品，积极吸纳社会资本参与，建立起"一评二押三兜底"模式，完善了林农信用评级、贷款融资担保和风险分散机制。三是生态资产"证券化"，把林业股权转变为金融票证；针对森林资源流通性差的特点，通过采取明晰产权归属、创新发行林票、提供政策性风险保障等措施，引导国有林场等与村集体经济组织及其成员开展合作制发股权（股金）凭证，实现股权变股金、林农变股农，增加农户经济收入。闽江源林权制度改革创新促进经济发展的路径如图4-3所示。

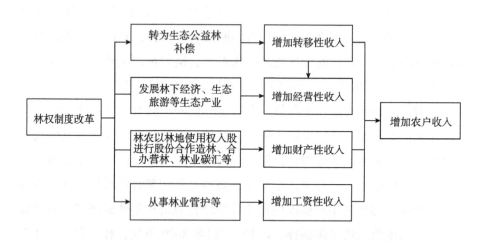

图4-3 闽江源林权制度改革创新促进经济发展的路径

闽江源林权制度改革创新促进经济发展是在资源环境保护约束下，深挖生态产品价值实现路径的新路子，放活林权经营制度，激活生产要素，促进林农的生产经营多元化发展，"林票制"打通了林业资源的流通性，使林地变为股权，促进当地经济发展和农户经济收入，带动农户收入增加。主要通过以下几个途径实现农户增收：一是在重点区位商品林赎买过程中林农可以获得重点区位林的赎买金，公益林补偿金，以及通过林地补植补贴等增加家庭的转移性收入，同时也可以通过林下种养业，发展生态旅游，或通过一次性补偿扩大生产经营获取更多的经营性收入，部分林农从繁重的林业劳动者释放出来从事林业管护及其他劳务性工作获得更多的工资性收入，实现农户多元化收入，从而增加林农的家庭收入。二是通过林权入股。村集体或林农使用林地使用权和拥有的林木等通过入股或折股等形式进行合作经营，并且将生产经营权委托给企业，村集体根据折股的形式和协议分享其收益权，然后将收益权根据其相关协议再分配给林农。有余力的农户通过劳务输出形式参与生产经营，并获取工资收入。企业代理经营的契约化生态补偿解决了村、农户生产资金短缺、林业投资回报周期长和收益不均衡等问题，形成村和农户委托企业科学管理林地，获得稳定预期收益和分红的资源长效增收机制，带动了农户的发展，具有较好的增收效果。三是用林权抵押贷款来盘活林业的固定资源，改变其农村的资源配置，解决农户生产经营过程的资金难题，激发农户从事农林或非农生产经营，从而促进农户的增收，具有较好的增收效果。

综上所述，生态补偿促进经济发展的核心是依托当地资源禀赋，深挖生态产品价值，发展生态产业，提供就业岗位、优化生产要素配置和政府财政转移支付。闽江源为生态补偿促进经济的发展进行了有益的探索，也为生态补偿促进经济发展提供了可供参考的经验模式，具有很好的借鉴价值和理论研究价值。

第二节　闽江源农户对生态补偿的满意度分析

在第一节闽江源生态补偿案例分析的基础上，为进一步研究闽江源生态补偿的成效。本节通过实地问卷调查，运用有序 Logistic 回归法分析了闽江源农户对生态补偿的满意度，以期为生态补偿政策的完善和实施提供决策参考。

一、变量选取和模型选择

（一）变量选取

考虑到农户对生态补偿政策满意受到诸多方面因素的影响，参照专家学者对生态补偿政策实施的满意度研究的部分成果（陈益芳等，2015），结合闽江源生态补偿实施的实际情况，本书主要从以下三个方面选取了解释变量，一是农户户主基本特征，主要选择性别、年龄、文化程度、健康状况、社会保障，其中，健康状况是指户主存在残疾或生病被视为不健康，否则为健康，因为在调查中发现，所有的农户都享受不同的社会保障，均缴纳新农保和新农合，低保户的两项社保也由政府统一代缴，所以在本书中社会保障变量用社保缴纳方式来表示。二是农户家庭基本特征：主要选择劳动力、主要收入来源、人均纯收入。三是农户对生态补偿政策的认知，主要选择农户对政策的了解程度、居住环境的改善、补偿方式、农户识别的精准度和政策实施的公平性等，具体变量的定义、赋值及描述统计如表4-1所示。

表4-1　变量的定义、赋值及描述统计

变量名称及编码	变量定义及赋值	极小值	极大值	均值	标准差
因变量					
农户对生态补偿的满意度（y）	不满意=1，一般=2，满意=3	1	3	2.895	0.350
自变量					
农户户主基本特征					
性别（x1）	男=0，女=1	1	3	2.895	0.350
年龄（x2）	20~40岁=1，40~60岁=2，60岁以上=3	0	1	0.239	0.427
文化程度（x3）	小学及以下=1，初中=2，高中（中专）=3	1	3	2.365	0.656

变量名称及编码	变量定义及赋值	极小值	极大值	均值	标准差
健康状况（x4）	不健康=0，健康=1	1	3	1.218	0.462
社保缴纳（x5）	个人缴纳=1，政府资助=2	0	1	0.225	0.418
农户家庭基本特征					
劳动力（x6，人）	大于16岁小于60岁的健康的具备劳动能力的人口数	0	3	0.479	0.354
人口（x7，人）	家庭人口总数	1	10	3.358	1.558
主要收入来源（x9）	种植业=1，养殖业=2，务工=3，政府兜底=4	1	4	2.333	1.183
家庭人均收入（x10元）	连续变量	1236.32	5498.46	2288.99	2668.40
农户对生态补偿政策的认知					
政策的了解程度（x11）	不了解=1，了解一点=2，非常了解=3	1	3	1.516	0.700
居住环境的改善（x12）	无改善=0，改善=1	0	1	0.786	0.411
补偿方式（x13）	基础建设=1，发展产业=2，就业转移=3，教育培训=4，现金补偿=5	1	5	2.674	1.731
识别的精准度（x14）	不精准=0，精准=1	0	1	0.975	0.155
政策实施的公平性（x15）	不公平=0，公平=1	0	1	0.954	0.209

资料来源：根据课题组调查数据计算整理。

(二) 评价模型的选择

有序 Logistic 回归主要应用于因变量为顺序数据的差异，是判断主体功能区农户对生态补偿政策的满意度的影响因素。其中，因变量为农户对生态补偿的满意度，自变量为农户户主的基本特征变量、家庭基本特征变量、对生态补偿政策的认识变量。鉴于本书因变量农户对生态补偿的满意度是一个有序分类变量，故选用多元有序 Logistic 回归模型（王济川和郭志刚，2001），其模型如下：

$$\pi_1 = \frac{\exp\left(\alpha_1 + \sum_{i=1}^{n}\beta_i X_i\right)}{1 + \exp\left(\alpha_1 + \sum_{i=1}^{n}\beta_i X_i\right)} \quad\quad (4-1)$$

$$\pi_j = \frac{\exp\left(\alpha_j + \sum\limits_{i=1}^{n}\beta_i X_I\right)}{1 + \exp\left(\alpha_j + \sum\limits_{i=1}^{n}\beta_i X_i\right)} - \frac{\exp\left(\alpha_{j-1} + \sum\limits_{i=1}^{n}\beta_i X_I\right)}{1 + \exp\left(\alpha_{j-1} + \sum\limits_{i=1}^{n}\beta_i X_i\right)},$$

$$j = 2, 3, \cdots, k \tag{4-2}$$

式 (4-1) 的含义是因变量第一类变量的概率估计值，式 (4-2) 的含义是因变量第 j 类变量的估计值。模型中 π_j 表示农户对生态补偿满意度概率的估计值，$\sum \pi_j = 1$，$X = (X_1, X_2, \cdots, X_n)$ 为自变量，n 为变量的个数。α_j 为常数项，β_i 为回归系数，k 为其水平。根据本书研究的内容为农户对生态补偿的满意度，其有序回归的具体模型如下：

$$y = \frac{\exp(\beta_0 + \sum \beta_i x_i)}{1 + \exp(\beta_0 + \sum \beta_i x_i)} \tag{4-3}$$

式中，y 为因变量，指农户对生态补偿的满意度，用"1 = 不满意、2 = 一般、3 = 满意"来表示；β_0 为回归方程的常数项 β_i，第 i 个影响满意度的回归系数。

二、农户对生态补偿的满意度分析

通过对 285 户建档立卡农户的调查表明（见表 4-2），农户对生态补偿的满意度整体比较高，满意程度达到 90.9%，评价一般的占 7.7%。

表 4-2　农户对生态补偿的满意度

满意度	样本数（户）	占比（%）
不满意	4	1.4
一般	22	7.7
满意	259	90.9
合计	285	100.0

资料来源：根据课题组调查数据计算整理。

三、生态补偿满意度影响因素分析

在模型建立时，为提高检验的可靠性，首先用 SPSS18.0 软件对自变量进行了多重共线性的检验，检验中 17 个自变量的方差的膨胀因子（VIF）在 1.061<VIF<2.067，均小于 10，表明自变量之间不存在多重共线性问题。其次在 SPSS18.0 下用有序 Logistic 的最大似然法进行分析，模型的分析结果如表 4-3 所示，模型的卡方值为 67.355，P 值为 0，说明在 0.1 的显著性水平下，该模型拟合程度较好。

表 4-3 多元有序 Logistic 回归模型分析结果

变量	类别	系数	标准误差	Wald 卡方	自由度	P 值	Exp（B）
性别	男	1.821	0.677	7.235	1	0.007	6.175
	女	0	—	—	—	—	1
年龄	20~40 岁	-0.174	1.017	2.148	1	0.029	0.84
	40~60 岁	-1.413	0.73	3.743	1	0.053	0.243
	60 岁以上	0	—	—	—	—	1
文化程度	文化程度	-0.155	0.455	0.116	1	0.734	0.857
健康状况	不健康	2.402	1.23	3.815	1	0.051	0.091
	健康	0	—	—	—	—	1
社保缴纳	个人缴纳	-1.072	0.655	2.679	1	0.097	0.342
	政府资助	0	—	—	—	—	1
劳动力	家庭劳动力	0.439	0.961	0.208	1	0.648	1.551
家庭人口	家庭人口	-0.345	0.24	2.078	1	0.149	0.708
收入来源	种植业	-1.8	0.848	4.503	1	0.034	6.048
	养殖业	-2.267	0.858	4.936	1	0.032	4.681
	务工	-1.58	0.823	3.691	1	0.055	4.856
	政府兜底	0	—	—	—	—	1
家庭人均可支配收入	家庭人均可支配收入	0.001	0.001	4.296	1	0.038	0.996

续表

变量	类别	系数	标准误差	Wald 卡方	自由度	P 值	Exp（B）
政策的 了解程度	非常了解	3.208	1.842	0.178	1	0.082	24.728
	了解一点	2.889	1.678	0.132	1	0.085	17.982
	不了解	0	—	—	—	—	1
居住环境 的改善	无改善	-0.602	0.63	0.912	1	0.34	0.548
	改善	0	—	—	—	—	1
补偿方式	基础建设	2.046	0.765	7.146	1	0.008	7.738
	发展产业	0.72	0.699	1.062	1	0.303	2.055
	就业转移	1.024	1.224	0.701	1	0.403	2.785
	教育培训	2.594	1.527	2.888	1	0.089	13.386
	现金补偿	0	—	—	—	—	1
识别精准度	精准	-2.574	1.257	4.195	1	0.041	0.076
	不精准	0	—	—	—	—	1
政策实施 公平性	不公平	-0.745	0.902	0.682	1	0.0409	0.475
	公平	0	—	—	—	—	1
似然比卡方	67.355						
df	32						
Sig.	0						

注：数据为多元有序 Logistic 回归分析结果的整理。

（一）户主基本特征对生态补偿满意度的影响

农户的性别、年龄、健康状况和社保缴纳方式对主体功能区生态补偿的满意度有显著影响。主体功能区参与生态补偿的女性农户对生态补偿的满意度是男性的 6.175 倍，其主要原因可能是农村的主要收入来源依靠种养业，女性的体力劳动比男性弱，贝克尔理论认为，因女性照顾家庭而积累的人力资本相比男性更容易贬值，生态补偿为她们提供生活的基本保障，因此女性对主体功能区的生态补偿的满意度比男性高。年龄越大的农户对主体功能区生态补偿的满意度越高，因为随着年龄的增长，人的劳动能力在逐步丧失，经济收入减少，政府兜底政策可以解决他们的养老问题，所以，年龄大的人对生态补偿的满意度较高。相对 60 岁及以上老人，40 岁以下的人满意度降低，调查发现，年轻农户整体谋生的能力相对较弱，对自然资源的依赖程度高，生态补偿标准明显低于营林、农耕等的收入，所以满意度会降低。在健康状况对主体功能区生态补偿满意度方面，不健康满意度比健康满意度高 0.091 倍，这是因为不健康的农户主要是残疾和重病，劳动能力偏弱，主要靠亲戚朋友的接济，经济收入不稳定，生态补偿解决了基本的生活问题，因此他们比较满意。在社保缴纳上，由政府缴纳社会保险的农户对主体功能区生态补偿满意度高于自己缴纳社保（0.342 倍），其主要原因是政府代缴减轻了农户的经济负担，同时又提供了医疗或社会保障，所以，政府缴纳社保的农户比自己缴纳的农户对生态补偿政策的满意度更高。

（二）家庭基本特征对生态补偿满意度的影响

家庭收入来源和家庭人均可支配收入对生态补偿的满意度有显著影响。在家庭收入来源方面，从事种植养殖业的农户对生态补偿的满意度偏低，相较依靠政策兜底等保障维持生计的农户，有其他家庭收入来源的农户对生态补偿的满意度降低，其主要原因可能是种养业的生产周期长，投资回报相对较低，完全依靠种养业的农户增收不明显，导致其满意度较低。家庭人均可支配收入与生态补偿的满意度呈正相关，家庭人均可支配收入每增加 1 元，农户对主体功能区生态补偿的满意度提高 0.996，其原因可能是生态补偿推动了农户的发展，提高了家庭收入，改善了家庭生活，故在生态主体功能区，农户家庭人均收入越高，对生态补偿的满意度就越高。

（三）政策认知对生态补偿满意度的影响

政策的了解程度、生态补偿方式、识别的精准度和政策实施的公平性对生态主体功能区生态补偿的满意度有显著影响。从农户对生态补偿的了解程度来看，农户对生态补偿的政策越了解，满意度越高，非常了解生态补偿政策的农户是不了解生态补偿政策的农户满意度的 24.728 倍，比较了解生态补偿政策的农户是不了解生态补偿政策的农户满意度的 17.982

倍，但是在调查的过程中发现，有76.5%的农户对生态补偿的相关政策并不了解，甚至对生态补偿的相关政策了解程度也不高，他们只知道政府给部分农户以资金补助、技能培训等相关帮扶工作，具体生态补偿的相关政策不清楚。在生态主体功能区，农户普遍对基础设施的生态补偿方式满意度较高，是现金补偿的7.738倍，其原因是主体功能区大多数在山区，基础设施建设使他们交通相对便利。生态补偿对象的识别越精准，农户对生态补偿政策的满意度就越高，是不精准识别的0.076倍。生态补偿政策实施越公平，农户对生态补偿政策的满意度就越高，生态补偿政策实施公平的满意度比不公平的满意度高0.475倍。

综上所述，闽江源的农户对生态补偿的满意度普遍较高，通过Logistic回归实证女性的满意度明显高于男性，老年人的满意度明显高于中青年人，身体不健康的人口满意度明显高于健康人口；依靠政府兜底的满意度较高，而从事种养业的相对较低，农户对生态补偿政策越了解，家庭人均可支配收入越高，农户对生态补偿的满意度越高；政府对补偿对象识别越精准，生态补偿政策实施越公平，农民对生态补偿的满意度就越高，以基础设施建设的生态补偿方式更受老百姓的欢迎，也更能体现生态补偿的公平性。影响农户对生态补偿满意度的主要因素是农户的性别、年龄、健康状况、社保缴纳方式、家庭收入来源、家庭人均可支配收入、政策的了解程度、补偿方式、识别的精准度和政策实施的公平性。

第三节　闽江源生态补偿存在的不足

虽然闽江源在生态补偿探索过程中取得了一定的成效，农户的满意度相对较高，对区域经济的发展具有一定的推动作用，也为当地农户增收发挥了积极的作用，为后续推进生态补偿提供了案例借鉴。但是在实地调查过程中发现仍然存在着一些不足，主要表现在以下几个方面：

一、生态补偿标准确定不科学，补偿标准偏低

生态补偿使主体功能区人口生活方式发生改变，导致经济收入减少，也剥夺了农户对土地和资源的享有权、使用权和发展权。生态补偿的标准主要是根据政府行政指令，补偿资金并没有明确的科学计算依据和标准，也没有考虑保护区域的面积、重要性，生态保护任务难易程度、生态保护的价值贡献以及重点保护区区域和农户失去发展的机会成本来计算。并且现有的生态补偿政策没有考虑经济的发展和物价变动因素，且补偿标准偏低，无法弥补保护生态环境产生的成本和失去的发展机遇，保护者生态保护付出与收益失衡，参与的积极性不高。尤其在生态公益补偿政策中，公益林补偿金大部分以工资形式发放给林业管护人员的管护费用，直接补偿给农户的资金较少，促进农户增收的效果有限。例如，将乐县799户农户每年可获得转移性生态补偿金14.62万元，即平均每年仅获得公益林生态补偿金为182.98元/户，促进农户增收效果极其有限。

二、补偿资金融资渠道较少，资金筹措较难

主体功能区的发展需要大量的资金支持，以改善主体功能区的基本生产生活条件，如公共基础建设，环境整治等均需要大量的资金支持。生态补偿的资金来源主要是中央财政转移支付、省财政安排的预算和一些专项统筹资金以及地方财政每年上缴的补偿金。福建省财政每年安排重点流域水环境综合整治专项预算2.2亿元用作流域生态补偿金，自2019年以来每年财政安排生态保护财力转移支付6000万元，相比其他省份，福建生态保护的资金投资的力度相对较大，但是落实到具体农户和项目上却是杯水车薪，这些补偿金远远低于主体功能区因农户生态保护而投入的成本。另外，福建省为了生态环境保护整合了省级层面生态环境保护相关的专项资金，但不同部门的专项资金受到专款专用的限制，造成资金统筹使用难度大、效率低。目前闽江源各市县区地方财政资金严重不足，生态补偿的

大量资金仍然依靠国家财政的支持，因此，寻求多渠道的投资主体显得至关重要。

三、生态补偿管理制度不科学，难以形成合力

生态补偿需要行之有效、科学合理的管理制度，但现在生态补偿是由多个涉农部门共同负责，每个部门都有各自的职责。在生态环境保护实施过程中，政府部门和各个部门之间职责权限和利益会发生冲突，管理权限界定不清楚，多头管理和无人问津的现象频发。生态建设和生态补偿无法形成明确的协调机制、责任机制和激励机制。在主体功能区内有关资源环境保护、生态工程建设等方面的政策也是由各部门出台，形成各部门交叉管理，责权利划分不明确，从而导致监督管理、整合和投入不集中，无法形成合力，生态补偿资金落实不到位，资金使用效率极其低下，也使农户对生态补偿的政策认识不到位。

四、生态补偿市场化机制不健全，交易形成较难

生态补偿市场化的前提是自然资源资产的产权清晰。目前，闽江源虽然探索了盘活农村资产的一些经验。但仍然存在自然资源碎片化，生态资源使用权分散，难以形成生态资源规模化经营效应等问题。生态资产产权交易制度尚不完善，对农村生态资源资产的确权、定价没有形成统一标准和制度，仍然存在产权不清晰、定价混乱、规范性不够等诸多问题。导致无法完全进行市场化交易，社会资本进入生态保护建设的机制和通道尚不完善和畅通，也使社会资本参与乡村生态资源开发的动力不足。虽然闽江源探索以绿色金融助力生态产品价值实现的路径，但是当前绿色金融发展中还存在顶层设计不完善，激励约束力度不足，金融产品覆盖面小，绿色融资渠道单一，绿色金融标准不健全，绿色产业发展滞后，环境信息披露质量低、信息共享机制不健全，绿色金融理念认知不足等诸多问题。

五、公众参与生态补偿程度不够，诉求难以满足

主体功能区生态补偿主要是由政府主导，在生态补偿设计上往往忽视

了或弱化了相关利益者的参与，尤其是农户等弱势群体的参与。闽江源现行的生态补偿及生态建设、环境保护，公众参与的程度很低，参与的渠道很少。当地的民众、社区、企业等相关利益者对生态补偿以及生态建设、环境保护既缺乏主动作为的意识和思想，又缺乏必要的责任和担当。在调查过程中发现，生态补偿中低收入人口参与度更低，如岗位性生态补偿绝大多数中低收入人口因自身身体条件无法胜任林业管理员的岗位，仅带动具备劳动能力的少数农户。在所探索的市场化生态补偿中，企业主要与村委会和合作社合作，农户的参与决策机会较少。

此外，闽江源生态补偿瞄准对象出现了一定的偏差，补偿考核制度较为单一，尚未形成生态环境保护的补偿体系，补偿范围主要是流域补偿，其他领域相对较少，制度还不完善。部分生态搬迁补偿主要解决了主体功能区居民短期的发展问题，搬迁后失去耕地、林地又没有技能的农户就业困难，没有稳定收入来源，非常容易陷入困境。

第五章
闽江源生态补偿对农户的增收效应

本章是在闽江源生态补偿案例分析的基础上，结合实地问卷调查数据，采用倾向得分匹配法实证分析闽江源生态补偿对农户的增收效应，试图进一步尝试探究生态补偿的机理机制，也是进一步探究生态补偿"怎么补"的问题。

第一节　生态公益林补偿对农户的增收效应

从 1998 年起，我国推出了一系列生态公益林补偿措施，各地政府也开展生态公益林的实践，如天然林资源保护工程、退耕还林还草工程、森林生态效益补偿等（欧阳志云等，2013；Zhan et al. , 2019）。而生态公益林具有很强的正外部性，主要是以无形产品形式为社会提供生态服务（韩赜等，2017），经济效益难以直接体现，因此往往忽略了农户在生态公益林生产经营过程中所付出的劳动和代价（楚宗岭等，2019），严重影响了农户的家庭收入和基本生计。这使传统的庇古理论和科斯理论无法评判和指导这种实践，因为在生态补偿实践中很少顾及产权分配的问题和评估交易成本的影响，也不一定能够带来环境服务的空间转移（袁伟彦和周小柯，2014）。对于超庇古理论和科斯理论的生态补偿实践问题，在理论层面还需要进一步探究，恰恰哈维茨等提出的激励相容理论对这种生态补偿实践有较好的解释。因此，从激励相容的角度探讨生态公益林补偿对农户的增收问题，寻求指导超庇古理论和科斯理论生态补偿实践的新理论，探究政府应通过何种途径来激励农户参与生态保护这一关键问题，有利于制定能够实现生态保护和农户增收双重功能的补偿政策，减少保护与发展的矛盾，确保生态环境和社会经济可持续发展。

一、生态公益林补偿对农户增收效应的机理分析

（一）生态公益林补偿对农户增收效应的理论框架

激励相容理论源于信息不对称条件下的委托代理关系，哈维茨（Hurwiez）首创了该理论，其核心内容是在市场经济中，每个理性经济人都会有自利的一面，其个人行为会按自利的规则行为行动；如果能有一种制度安排，使行为人追求个人利益的行为正好与组织实现集体价值最大化的目标相吻合，这一制度安排就是"激励相容"。生态公益林补偿作为一种生态保护的公共政策，政府试图通过制度约束和补偿等激励手段与农户建立一种新的契约关系，以减少对生态环境有严重的负外部性的经营行为，同时强化对有利于改善生态环境的经营活动的激励（段伟等，2016）。从激励的视角来看，政府通过生态补偿的方式实现生态环境保护，农户在追求个人利益的同时恰好实现了政府生态保护的目标，就实现了生态补偿政策的激励相容。如果个人利益与政府利益出现偏差，就会出现激励不相容。

从理论层面来讲，生态补偿政策的微观基础是农户自利性经营活动对生态环境所产生的正外部性，生态补偿政策必须能有效约束和激励农户参与保护，使农户追求个人利益的同时实现生态保护（段伟，2016），最终实现激励相容（Pagiola et al.，2005），促使个人或集体利益符合国家生态安全利益（Kosoy et al.，2007）。因此，通过生态补偿政策的实施可以有效地实现多种生态环境效益，政策制定科学合理，还会实现额外的社会效

益和经济效益（Charlie，2013），因为生态服务付费通常比产品市场提供更大的机会，有助于地区的经济发展，增加农户收入（王艳慧等，2017）。总体来看，生态公益林补偿是一种对生态环境供给者通过付费、提供就业机会等多种方式的正向激励机制，使得生态保护者追求最大自身利益和福利，客观上达到生态保护和农户增收的双重目标。闽江源生态公益林补偿对农户增收的理论框架如图5-1所示。

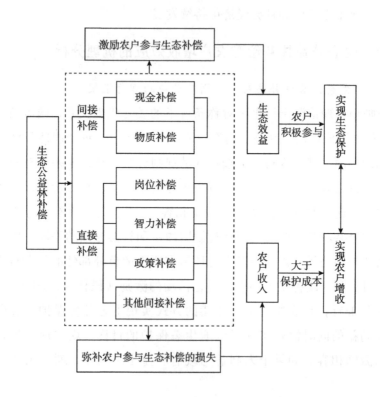

图5-1　闽江源生态公益林补偿对农户增收的理论框架

（二）生态公益林补偿对农户增收效应的数理模型

现代经济学理论与实践表明，贯彻激励相容原则，能够有效地解决个人利益与集体利益之间的矛盾冲突，使行为人的行为方式、结果符合集体价值最大化的目标，让每个组织成员在为组织多做贡献中成就自己的事业，即个人价值与集体价值的两个目标函数实现一致化。在生态补偿实施过程中，假设政府对生态公益林保护的监管措施不变，政府和生态供给者都为生态经济人，两者都追求利益最大化的同时考虑生态价值理性。政府作为生态环境的购买者，其追求的是生态保护这一集体价值最大化同时也考虑农户增收。而农户作为生态供给者的，则追求的是生态环境约束下实现自身经济利益最大化。因此，在信息不对称下如何设计一个能够给各经济主体带来正向激励的制度，是当前生态补偿需要解决的首要问题。根据激励相容理论政府要实现生态保护的目标，除有效的行政手段外，其根本是通过各种补偿方式解决农户可持续增收问题，激励农户参与生态保护的积极性，使农户的增收目标与政府的生态保护目标相一致。故此，对生态公益林进行补偿是激励相容理论在生态补偿领域践行的最佳体现，其不仅可以通过促进农户增收来达到生态保护的目的，而且最终达到生态保护和农户增收双重效应。具体来看：

在生态公益林补偿实施过程中，农户生态保护的成本主要是被划归为生态公益林而失去的营林收入和机会收入，而收益是指政府为弥补农户的损失给予现金或物质的直接补偿，或者为农户提供就业机会、培训、智力、政策补偿等间接带动农户增收。假设农户划归生态公益林的面积 x 决定政府的生态保护的成效 $R(x)$，满足 $R'(x) \geq 0$，则农户的生态保护的产出函数为 $G=f(x)+\theta$，θ 为正态分布的外生变量。设农户投入成本为 $C(x)$。为激励农户积极参与生态保护，政府采取现金直接补偿和间接补偿的方式对农户进行激励。对生态保护的农户而言，两种激励的等值货币收益分别为 $\beta_1[f(x)+\theta]$ 和 $\beta_2[f(x)+\theta]$，其中，β_1 为农户现金直接补偿激励系数，β_2 间接补偿激励系数，r 为风险规避系数，w 为农户保有收入，σ^2 为方差。在生态公益林补偿设计时，政府要考虑满足农户参与政府生态保护目标相融合约束下，实现生态保护目标的效用最大化的目标一致性函数如下：

$$\max\{R(x)-\beta_1 f(x)-\sigma\} \tag{5-1}$$

$$\text{s. t.} \begin{cases} \beta_1 f(x) + \beta_2 f(x) - C(x) - \dfrac{1}{2}r(\beta_1^2 + \beta_2^2)\sigma^2 \geq w \\ \max\left\{\beta_1 f(x) + \beta_2 f(x) - C(x) - \dfrac{1}{2}r(\beta_1^2 + \beta_2^2)\sigma^2\right\} \end{cases} \tag{5-2}$$

上述激励相容的一阶导数条件有：

$$\beta_1 \frac{\mathrm{d}f(x)}{\mathrm{d}x} + \beta_2 \frac{\mathrm{d}f(x)}{\mathrm{d}x} - \frac{\mathrm{d}C(x)}{\mathrm{d}x} = 0 \tag{5-3}$$

从式（5-3）可以看出，对农户的现金直接补偿激励和间接补偿激励的系数等于农户保护生态的边际成本，当生态公益林补偿激励收益大于农户投入生态保护成本时，农户才愿意参与到生态保护中来，就实现生态保护与农户增收的双重效应。

令 $f(x) = ax + b$（a，b 为线性函数参数），$C(x) = \dfrac{x^2}{2}$，$\beta_2 = k\beta_1$（k 为间接补偿激励系数与农户现金直接补偿激励系数的比值），则由式（5-3）可得：

$$\beta_1 = \frac{x}{a(1+k)} \tag{5-4}$$

由式（5-4）可知，当 k 越大时，β_1 越小，当间接补偿力度加大时，可以减少现金补偿。间接补偿方式，减少直接现金补偿带来的财政压力，把农户的传统生计模式转变为可持续发展的生计模式，从根本上改变农户的生活方式和家庭生计结构，促进农户家庭增收的同时达到生态保护的目标。

（三）生态公益林补偿对农户增收效应的路径分析

生态公益林补偿是通过直接补偿和间接补偿的激励措施来促进农户增收。直接补偿激励是指农户参与生态公益林补偿得到的现金直接补偿，现金直接补偿方式直接增加了农户的现金收入，使农户提高家庭总收入水平（尚海洋等，2018）。间接补偿激励是指农户参与生态公益林补偿而提供的劳动力转移、就业岗位、技能培训、智力补偿、产业帮扶等非现金补偿方式，把农户从管护山林等的劳动中解放出来，摆脱依附山林的窘境（张炜和张兴，2018），从事其他非农经营，改变单一的收入来源，拓宽收入渠道，转变原有的生计方式，实现多样化的生计策略（王丹和黄季焜，2018），提升农户的生计能力，提高农户家庭收入。如岗位型补偿能够增加农户的工资收入，直接提高农户家庭收入水平（朱烈夫等，2018）。总体来看，生态公益林的不同补偿方式是农户直接或间接提高收入的主要路径。

二、变量设置和方法选择

（一）变量设置

本节的被解释变量为家庭收入、农业收入、非农收入、家庭收入结构和生态保护。其中，家庭收入分别用家庭总收入和家庭人均收入来表征。农业收入指农户从事种植、养殖等农业经营的收入。非农收入指除农户农业经营收入外的其他收入。家庭收入结构用农业收入与家庭总收入的占比表示。生态保护用农户划归生态公益林的林地面积表征。为消除变量间的非线性问题和保证数据的平稳，分别对家庭总收入、家庭人均收入、农业收入和非农收入加1后取自然对数。核心解释变量用现金直接补偿和岗位性补偿来表征，农户参与现金直接补偿或岗位性补偿记作1，否则记作0。为进一步厘清生态公益补偿不同补偿方式对农户收入的效应，借鉴吴乐等（2017）的研究，选取农户家庭拥有的自然资本、户主特征、家庭特征作为控制变量。详细变量的描述性统计如表5-1所示。

表 5-1 变量的描述性统计

变量类别	变量名称	变量定义	均值	标准差	最小值	最大值
家庭收入	家庭总收入（元）	2017年家庭总收入加1取自然对数	10.52	0.81	7.86	11.81
	家庭人均收入（元）	2017年家庭平均收入加1取自然对数	9.06	0.73	6.47	10.27
	农业收入（元）	2017年家庭农业收入加1取自然对数	9.47	0.86	5.18	11.41

续表

变量类别	变量名称	变量定义	均值	标准差	最小值	最大值
家庭收入	非农收入（元）	2017 年家庭非农收入加 1 取自然对数	9.53	1.92	0.00	11.81
	家庭收入结构（％）	农业收入占家庭总收入比	0.46	0.27	0.19	1.00
生态保护	农户划归生态公益林面积（亩）	农户划归生态公益林面积加 1 取自然对数	0.84	0.94	0	3.32
补偿方式	现金直接补偿	有 = 1，无 = 0	0.51	0.50	0	1
	岗位性补偿	有 = 1，无 = 0	0.35	0.48	0	1
户主特性	性别	男 = 1，女 = 0	0.79	0.41	0	1
	年龄（岁）	实际年龄	46.32	7.93	29	65
	文化程度	小学及以下 = 1，小学 = 2，初中 = 3，高中及以上 = 4	2.28	0.92	1	4
	健康状况	非常不健康 = 1，较不健康 = 2，一般 = 3，较健康 = 4，非常不健康 = 5	3.82	1.01	1	5
家庭特征	家庭人口数（人）	家庭实际人口数	4.48	1.24	1	10
	家庭劳动力（人）	家庭实际劳动人数	2.57	1.00	0	7
	家庭抚养比（％）	家庭需要抚养人数的比例	0.43	0.19	0	1
自然资本	耕地面积（亩）	家庭拥有的耕地面积加 1 取自然对数	6.58	7.96	0	36
	林地面积（亩）	家庭拥有的林地面积加 1 取自然对数	0.43	0.19	0	1

资料来源：根据课题组调查数据计算整理。

（二）方法选择

倾向得分匹配法（PSM）能够有效克服传统的线性回归方法可能导致计量结果存在的有偏估计与样本自选择导致的选择偏差（Wooldridge，2002），该方法既不需要事先假定函数形式、参数约束及误差项分布，也不要求解释变量严格外生，故在解决处理变量的内生性问题时存在明显优势（王慧玲和孔荣，2019），被广泛应用到项目和政策的评估中。因此，选用该方法来估计生态公益林补偿的不同补偿方式对农户的增收效应和生态保护效应，参考倾向得分匹配研究的基本分析思路框架，设置虚拟变量，D_i 表示农户 i 是否参与现金直接补偿或岗位性补偿，$i=1$ 为参与，$i=0$ 为未参与。其具体研究步骤如下：

第一步：估计倾向得分。运用二项选择 Logit 模型估计出倾向得分：

$$p(x_i)=P(D_i=1\mid X=x_i)=\frac{\exp(\beta x_i)}{1+\exp(\beta x_i)} \tag{5-5}$$

式（5-5）表示逻辑分布的累计函数，其中，$p(x_i)$ 表示参与生态公益林的概率，$D_i=1$ 表示参与生态公益林补偿的农户，X 表示参与生态公益林补偿农户的特征向量，x_i 表示农户的特征值，β 表示相应的参数变量。

第二步：倾向得分匹配。首先进行匹配方法的选择。目前在学术上对匹配方法的优劣并没有达成明确的共识，如果选用多种方法的匹配结果相似甚至一致，则意味着匹配结果稳健，样本有效性良好（陈强，2014）。因此，运用核函数匹配、k 近邻匹配、半径匹配三种匹配方法进行匹配，核函数密度匹配选用宽度为 0.06，k 近邻匹配时 k 设定为 10，进行一对十匹配，半径匹配卡尺范围设定为 0.04。其次进行匹配平衡性检验。在倾向得分估计比较准确的基础上进行匹配平衡性检验。通常认为匹配后解释变量标准化偏差小于 25，选择偏差在可控范围，在统计学上认为实现了数据平衡，即通过平衡检验且匹配结果可信。

第三步：计算平均处理效应。因为本章研究是生态公益林补偿的不同补偿方式对农户收入的促进效应和生态保护效应，所以选择处理组的平均处理效应（ATT）更适合。假设控制组农户样本集合为 C，处理组农户样本集合为 D，则生态公益林补偿的不同补偿方式对农户增收的平均处理效应（Gebel & Vobemer，2014）如下：

$$ATT=\frac{1}{N}\sum_{D=1}(Y_{1i}-Y_{0i}) \tag{5-6}$$

式中，ATT 为平均处理效应，N 表示参与生态公益林补偿的农户数，$D_i=1$ 为参与生态公益林补偿的某种补偿方式的农户，Y_{1i} 和 Y_{0i} 分别表示处理组和控制组中被匹配的农户收入和生态保护。

三、不同生态公益林补偿方式对农户增收效应分析

（一）农户选择不同生态公益林补偿方式的影响因素

为完成处理组和控制组的匹配，分析农户参与生态公益林不同补偿方式的影响因素（见表5-2）。结果显示，所有系数与边际影响的符号一致。家庭承包林地面积与现金直接补偿存在显著正相关，而户主年龄和性别与现金直接补偿有显著的负相关，可能是女性和年龄大的农民对自然资源的依赖程度大，参与到生态公益林补偿的意愿不高。承包林地面积和家庭劳动力与岗位性补偿呈正相关，说明林业大户和劳动力富余的家庭容易选择岗位性补偿，也间接证明生态公益林补偿释放剩余劳动力转移促进了农户收入的增加。而家庭承包耕地面积和家庭抚养比与岗位性补偿呈显著负相关，可能是耕地面积多和抚养比大的家庭劳动力有限，没有富余劳动力参与到岗位性补偿。因此，从结果可以反映出家庭承包林地面积和家庭劳动力影响农户参与生态公益林补偿方式的选择。

表 5-2　倾向得分匹配 Logit 回归结果

变量	现金直接补偿			岗位性补偿		
	系数	标准差	边际影响	系数	标准差	边际影响
承包林地面积	0.350***	0.038	0.049	0.023*	0.013	0.005
承包耕地面积	-0.051	0.046	-0.007	-0.145**	0.041	-0.030
健康状况	-0.068	0.122	-0.009	-0.132	0.107	-0.027
性别	-0.520*	0.315	-0.072	-0.183	0.261	-0.038
年龄	-0.062**	0.027	-0.009	-0.022	0.022	-0.005
受教育程度	-0.357	0.226	-0.050	-0.060	0.180	-0.012
家庭总人口	0.190	0.282	0.026	0.906	0.336	0.188
劳动力	-0.428*	0.524	-0.060	0.876***	0.535	0.182
抚养比	-0.789	1.983	-0.110	-6.020**	2.454	-1.249

续表

变量	现金直接补偿			岗位性补偿		
	系数	标准差	边际影响	系数	标准差	边际影响
常数	3.690*	1.889		2.730	1.661	
Prob>chi^2	0			0		
Log likelihood	−189.920			−268.005		
LR chi^2 (9)	239.56			44.7		

注：*、**、***分别表示0.1、0.05和0.01的显著性水平。本章下同。

（二）匹配平衡性检验

为保证倾向得分匹配的估计质量和可靠性，需对匹配方法进行平衡性检验，也就是说匹配后控制组和处理组除被解释变量农户家庭总收入、农户家庭平均收入存在差异外，其他控制变量不存在显著差异。如表5-3所示，用三种匹配方法匹配后，解释变量的标准化偏差均小于25，其中，现金直接补偿的解释变量的标准化偏差从156.1%下降到20.7%~24.9%，伪R^{2}从匹配前的0.353下降到0.008~0.011，LR统计量从218.93减小到4.32~6.22，岗位性补偿的解释变量的标准偏差从63.7%下降到12.8%~19.1%，伪R^{2}从匹配前的0.076下降到0.003~0.007，LR统计量从44.24减小到1.24~2.72，三种匹配方法结果均在偏差控制范围内，充分证明用倾向得分匹配结果可信且稳健，有效消除了自选样本的选择性偏差。

表5-3 匹配平衡性检验结果

匹配方法	现金直接补偿			岗位性补偿		
	伪R^2	LR统计量	标准化偏差（%）	伪R^2	LR统计量	标准化偏差（%）
匹配前	0.353	218.93	156.1*	0.076	44.24	63.7*
核函数匹配	0.008	4.32	20.7	0.005	2.14	16.8
k近邻匹配	0.008	4.92	20.9	0.003	1.24	12.8
半径匹配	0.011	6.22	24.9	0.007	2.72	19.1

（三）效应分析

分别测算现金直接补偿和岗位性补偿对农户家庭总收入、家庭平均收入、农业收入、营林收入、非农收入、收入结构和生态保护的平均处理效应，三种匹配方法计算的结果差别不大，进一步证明匹配样本数据具有很好的稳健性（见表 5-4 和表 5-5），所以，本节选用三种匹配结果的均值表征影响效应。

1. 农户增收效应分析

现金直接补偿方式与农户家庭总收入和人均收入呈正相关（见表 5-4），但在统计上不显著，说明生态公益林现金直接补偿对农户的增收效应不显著。而吴乐等（2020）研究发现，贵州生态公益补偿对农户产生负的效应，究其原因可能是现行公益林生态补偿标准各地不同，但我国各地的公益林生态补偿低于农户的营林收入，其他间接补偿方式还不完善，随着今后补偿标准的逐步提高，生态公益林补偿会增加农户的收入。而岗位性补偿对农户收入有显著的正向影响（见表 5-4），有利于农户家庭收入的增加，在排除其他影响因素后，岗位性补偿影响农户家庭总收入效应为 0.570，家庭人均收入的效应为 0.554，说明岗位性补偿能使农户家庭总收入增加 55.4%，家庭人均收入增加 57%。在生态公益林补偿实施过程中，现金直接补偿对农户增收效应不显著，岗位性补偿对农户增收起到促进效应。

表 5-4　生态公益林补偿对农户增收平均处理效应

解释变量	匹配方法	现金直接补偿			岗位性补偿		
		平均处理效应	标准误	T检验值	平均处理效应	标准误	T检验值
家庭总收入	核函数匹配	0.121	0.157	0.770	0.560 *	0.073	7.660
	k 近邻匹配	0.074	0.153	0.480	0.594 *	0.077	7.730
	半径匹配	0.112	0.157	0.710	0.556 *	0.079	7.030
	均值	0.102	—	—	0.570	—	—

续表

解释变量	匹配方法	现金直接补偿			岗位性补偿		
		平均处理效应	标准误	T检验值	平均处理效应	标准误	T检验值
家庭平均收入	核函数匹配	0.145	0.146	0.990	0.553*	0.070	7.930
	k近邻匹配	0.101	0.139	0.730	0.574*	0.075	7.690
	半径匹配	0.140	0.142	0.980	0.534*	0.077	6.940
	均值	0.128	—	—	0.554	—	—
农业收入	核函数匹配	0.015	0.191	0.080	0.130	0.189	0.689
	k近邻匹配	0.071	0.167	0.430	0.140	0.192	0.729
	半径匹配	0.035	0.187	0.190	0.130	0.190	0.684
	均值	0.041	—	—	0.131	—	—
营林收入	核函数匹配	-0.364**	0.147	-2.476	-0.503**	0.234	-2.149
	k近邻匹配	-0.309**	0.135	-2.289	-0.587**	0.263	-2.232
	半径匹配	-0.378**	0.151	-2.563	-0.559**	0.253	-2.09
	均值	-0.350	—	—	-0.583	—	—
非农收入	核函数匹配	0.219	0.356	0.610	0.754*	0.166	4.530
	k近邻匹配	0.012	0.338	0.040	0.789*	0.155	5.080
	半径匹配	0.223	0.339	0.660	0.731*	0.168	4.360
	均值	0.151	—	—	0.758	—	—
收入结构	核函数匹配	-0.080	0.060	-1.340	-0.094*	0.029	-3.180
	k近邻匹配	-0.040	0.054	-0.750	-0.108*	0.030	-3.580
	半径匹配	-0.077	0.057	-1.350	-0.093*	0.030	-3.110
	均值	-0.066	—	—	-0.098	—	—

从农户收入来源来看，现金直接补偿和岗位性补偿对农户农业收入有正向影响，但均不显著（见表5-4）。在实地调查中大多农户反映生态公

益林补偿减少了自家的收入。故进一步对农户的营林收入进行了分析，发现现金直接补偿和岗位性补偿均显著减少了农户的营林收入，现金直接补偿使农户营林收入减少 35%，岗位性补偿减少农户营林收入 58.3%（见表 5-4）。尽管生态公益林补偿减少了农户的营林收入，但对农户的家庭收入和农业收入影响不大。从生态保护的角度来看，营林收入的减少程度也反映出农户参与生态保护的参与度，所以，逐步提高生态公益林的补偿标准和提供更多的就业岗位，在提高农户家庭收入的同时，能够更好地激励农民主动放弃营林活动而保护生态（穆亚丽等，2017）。两种补偿方式相比，岗位性补偿更能激发农户的保护行为。现金直接补偿对农户的非农收入影响不显著，而岗位性补偿对农户非农收入呈显著的正影响，且平均增收效应为 0.758（见表 5-4），证明农户的非农收入主要来源于劳务收入，且岗位性补偿促进了农户的非农收入，间接提高了家庭收入水平。

从农户家庭收入结构来看，现金直接补偿对农户的收入结构呈负的影响但不显著，而岗位性补偿对农户的收入结构有显著的影响作用，降低了农户的农业收入的比重，其平均效应为 -0.098，即降低 9.8%（见表 5-4）。证明现金直接补偿对农户收入结构没有明显的改善。而岗位性生态补偿属于劳动力转移的间接补偿方式，拓宽了农户的收入渠道（王雅敬等，2016），有效地改善了农户家庭收入的结构，改变了农户的生计模式，能够长期促进农户的可持续增收。

为进一步研究生态公益林补偿的不同补偿方式对不同收入农户的平均增收效应，将农户划分为低收入户和非低收入户。研究发现，现金直接补偿对低收入户和非低收入户的增收效应均不显著。岗位性补偿能够促进低收入家庭增收但不显著。岗位性补偿对非低收入户增收效应和结构收入显著，其家庭总收入增加 29.1%，家庭平均收入增加 27.2%，农业收入占比降低 3.8%。我们在调研过程发现，绝大多数低收入人口是因为疾病或失去劳动能力的人，其自身身体条件无法满足岗位用工的要求，这也可能是岗位性补偿对低收入户增收效果不显著的原因之一，也证明生态公益林补偿对低收入户和非低收入户增收效应不同（见表 5-5）。

表 5-5　不同收入农户的平均增收效应

被解释变量	匹配方法	现金直接补偿		岗位性补偿	
		低收入户	非低收入户	低收入户	非低收入户
家庭总收入	核函数匹配	−0.130	0.014	0.146	0.294*
	k 近邻匹配	−0.134	0.018	0.166	0.277*
	半径匹配	−0.121	0.012	0.146	0.302*
	均值	−0.128	0.015	0.153	0.291
家庭人均收入	核函数匹配	−0.052	0.081	0.146	0.274*
	k 近邻匹配	−0.029	0.081	0.182	0.265*
	半径匹配	−0.024	0.077	0.146	0.277*
	均值	−0.035	0.079	0.158	0.272
农业收入	核函数匹配	−0.205	0.035	0.326	0.149
	k 近邻匹配	−0.202	0.032	0.386	0.145
	半径匹配	−0.184	0.021	0.325	0.168
	均值	−0.197	0.029	0.346	0.154
非农收入	核函数匹配	−0.244	0.478	0.313	0.162
	k 近邻匹配	−0.276	0.526	0.256	0.147
	半径匹配	−0.311	0.462	0.313	0.182
	均值	0.277	0.488	0.294	0.163
收入结构	核函数匹配	−0.047	−0.038	−0.128	−0.045**
	k 近邻匹配	−0.021	−0.095	−0.172	−0.030**
	半径匹配	−0.059	−0.061	−0.128	−0.041**
	均值	0.042	−0.065	−0.143	−0.038

2. 生态保护效应分析

生态公益林补偿的初衷是保护生态,在分析其经济效应的同时不能忽略其对生态保护的根本使命,为此,分析其生态保护作用显得尤为必要。只有做好生态公益林补偿的双重作用,才能扩展补偿的现实意义。

现金直接补偿方式与生态保护呈显著的正相关(见表 5-6),现金直接补偿对生态保护的平均效应为 0.632,即现金直接补偿能使生态保护的效应增加 63.2%,其可能原因是生态公益林补偿主要以各级财政转移为主的现金补偿模式,行政手段的推行使现金直接补偿对生态环境起到了很好的保护作用,所以生态公益林面积划归越多,受到生态保护的面积就越多,生态效益越好,生态效应就越明显。岗位性生态补偿与生态保护呈正向但不显著,其主要原因可能是岗位性补偿通常是聘用农户作为林业管护人员或临时性用工参与到生态保护工作中,但公益林生态补偿主要以现金直接补偿为主,并且各级政府能提供给农户的岗位有限,能直接参与生态保护工作的农户还相对较少。尽管岗位性生态补偿对生态保护在统计学上并不显著,但从长远来看不失为实现生态保护的一种有效途径。虽然现金直接补偿和岗位性补偿对生态保护的正效应不尽相同,但均在实现生态保护的同时在一定程度上也能促进农户的增收(见表5-4和表5-6),长期实施可以实现生态保护和农户增收的双重效应。

表5-6　生态公益林对生态保护的平均处理效应

匹配方法	现金直接补偿			岗位性补偿		
	平均处理效应	标准误	T检验值	平均处理效应	标准误	T检验值
核函数匹配	0.635*	0.145	4.390	0.016	0.101	0.160
k近邻匹配	0.626*	0.142	4.423	0.018	0.107	0.170
半径匹配	0.635*	0.145	4.390	0.018	0.105	0.170
均值	0.632	—	—	0.017	—	—

综上所述,生态公益林补偿政策的实施可以将农户从林业经营中解放出来,促进劳动力转移,拓宽就业范围,转变家庭生计方式。家庭承包林地面积和家庭劳动力对农户选择补偿方式有着重要的决定作用。当生态公益林补偿标准超过农户营林收入水平(根据调查福建商品林收益约为100元/亩)时,才能使生态保护者有动力提升生态服务供给量,主体功能区生态服务外部收益实现了内生化,社会达到帕累托优化,社会福利水平得到提高,现金直接补偿才会对农户起到增收效应(段伟,2016)。而岗位性的间接补偿对农户收入有明显的促进作用,还能进一步提升农户的内生

动力，改变家庭的收入结构。不同补偿方式兼施可以起到更好的激励作用，且对不同农户的收入水平产生不同的影响。在现行生态补偿以各级政府财政转移为主的模式下，现金直接补偿决定生态保护的面积，所以能够起到很好的生态保护效应，促进生态效益的提升，岗位性补偿对生态保护具有正效应，改变农户收入结构，促进农户向可持续生计模式转变。生态公益林补偿对生态保护和农户增收起到很好的协同效应，长期来看能够实现激励相容，起到生态保护和农户增收的双重作用。

第二节　林权抵押贷款对农户的增收效应

林权抵押贷款是为了切实解决农村由于抵押物不足而产生的信贷约束问题，彻底破解农户发展生产经营当中资金困难问题。2003 年，国家首先在福建、江西和辽宁等进行集体林权制度改革的试点，并在此基础上，2008 年全面推动了新一轮集体林权制度改革，通过明晰林地所有权，放活林地经营权，落实处置权，赋予了林木所有权、使用权和林地使用权的抵押功能，保障农户的收益，实现农户家庭收入的增长（Liu et al.，2017；Hyde & Yin，2018）。2017 年，国家林业局、国土资源部和中国银监会联合在 2017 年发布的《关于推进林权抵押贷款有关工作的通知》，明确提出了林权抵押贷款"要向贫困地区重点倾斜，支持林业贫困地区脱贫攻坚"（孔凡斌等，2019），赋予了林权抵押贷款扶贫攻坚的新使命。

鉴于此，探索林权抵押贷款是否撬动了林区经济发展及其对农户增收的作用机理，以及深化林业金融制度改革均具有重要的意义。所以，以闽江源为研究对象，借助经济效率模型和产出增长模型，采用倾向得分匹配法实证研究林权抵押贷款究竟能否撬动农户增收。并试图从理论上厘清林权抵押贷款对农户增收的作用机理，这不仅丰富了林权制度改革的理论，也为乡村振兴提供理论依据和参考价值。

一、林权抵押贷款对农户增收的理论分析

林权抵押贷款作为农村金融工具，是农村经济发展的重要金融要素，对促进农户生产经营方式和农户收入有着重要的作用。揭示了林权抵押贷款对农户增收的作用机理，有利于进一步推动农村林权改革和林业金融的健康发展，进而促进农村经济的可持续发展。

（一）林权抵押贷款对农户增收的作用机理

林权抵押贷款的本质是一种金融信贷，它是利用农户林木所有权或林地使用权抵押给金融机构来获取贷款资金用于生产经营，解决农户生产经管过程中贷款难的问题。林权抵押贷款可以直接促进和间接带动农户增收，林权抵押贷款政策促进农户增收的理论框架如图 5-2 所示。

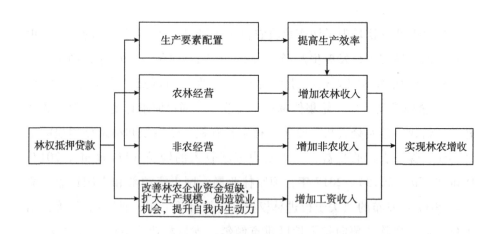

图 5-2 林权抵押贷款政策促进农户增收的理论框架

林权抵押贷款可以直接促进农户增收。信贷资金作为农林经营生产过程中的重要资源，农户通常受到信贷约束，影响生产投入，进而影响家庭收入和农户福祉，尤其对农户而言，问题则更为突出（何学松和孔荣，2017）。林权抵押贷款作为正规的小额金融信贷，能够有效地缓解农户生

产经营中的资金约束,破除传统金融的渠道效应和门槛效应,使无法达到传统金融抵押担保要求的农户得到了正规金融的贷款服务,当农户获得林权抵押贷款时,显著提高贷款收入增加(洪燕真和付永海,2018;张兆鑫和张瑛,2018;何文剑等,2021)。林权抵押贷款倒逼林权制度的深化改革,改变了农户生产要素的配置和农户家庭收入(陈珂等,2019;许时蕾等,2020)。从产权激励的角度来看,林权制度改革能够减少农户的林业投资风险,稳定了农户营林收入的预期,增加了农户生产要素的投入和优化了农户要素的配置,提高了农户的林业产出,从而激发了农户林业生产经营的积极性,对农户的农林收入和非农收入均有促进作用(仇晓璐等,2017;魏建等,2018;Zhang et al.,2021)。一方面农户将贷款收入直接进行农林生产投资,扩大生产经营规模,促进家庭农林经营收入来改善家庭收入(武丽娟和李定,2019;王汉杰等,2019);另一方面在农林生产规模等要素受限的情况下,通过提高生产能力和生产效率促进农林经营收入,并将剩余的生产要素投入到非农生产中,扩大收入渠道,增加家庭收入(Mendola,2007;何文剑等,2014)。故此,林权抵押贷款可以促使低收入家庭扩大生产经营规模和收入渠道,从而促进家庭收入的增加。

林权抵押贷款在一定程度上促进了农村经济的发展,形成对农户的有效带动(Rewilak,2017;焦继军等,2017),在巩固扶贫成果过程中起到间接的驱动作用。林权抵押贷款可以改善农村企业资金短缺的困境,促进农林企业及相关产业的发展,创造更多的就业岗位,提高农村剩余劳动力的就业率,使农户工资性收入得以提高(Okibo & Makanga,2014)。还有些农户将林权抵押贷款投资在子女教育或自我技能培训方面,从而通过提升自我内生动力进一步提高家庭收入。

(二)林权抵押贷款对农户增收的理论模型

本节以经济效率模型和产出增长模型为理论依据,从微观层面分析林权抵押贷款对农户增收的作用机理。假设为资本量的增加和经济效率的提高是经济增长的有效途径(Odedokun,1992),即:

$$\Delta Y/Y = E(\Delta K/Y) \tag{5-7}$$

式中，Y 表示农户家庭总收入，ΔY 表示农户家庭收入的增加量，E 表示农户家庭的经济效率，ΔK 表示农户资本要素投入的增加量。其中，金融资源作为资本要素之一，其变化能引起资本要素的变动（$\Delta K/Y$），与经济效率（E）共同影响农户经济增长。借鉴王汉杰等（2019）的做法，假设农户收入的增长函数如下：

$$y=f(K, L) \tag{5-8}$$

式中，y 表示农户收入，K 表示农户投入的资本要素，L 表示农户的劳动力要素投入。借鉴 Parente（1997）的处理，假定短期内农户的人力资本不发生变化，则农户的人力资本投入在短期内达到最大极限，则函数如下：

$$y=K\min(L, \bar{L})^{\theta}, \ \theta>0 \tag{5-9}$$

式中，农户资本要素为正规金融机构的抵押信贷和非正规金融机构的贷款（假设农户没有储蓄，生产资金需要从金融机构获得）。根据罗默的资本积累模型（Romer，2014），将农户的资本要素投入模型设定如下：

$$K_t=(1-\delta)K_{t-1}+P_t \tag{5-10}$$

式中，K_t 表示本期资本存量，K_{t-1} 表示上期资本存量，P_t 表示本期农户生产过程中资产投入，且假定农户生产过程中净资产投入只能从金融机构获得，δ 表示折旧率，t 表示时间。

金融机构为农户贷款需收利息费用，将金融机构分为正规金融机构和非正规金融机构两类，假设林权抵押贷款在正规金融机构的利率为 γ_1，非正规金融机构的贷款利率为 γ_2，且 $0<\gamma_1<\gamma_2<1$，同时，假设农户从金融机构的贷款为 F_t，从正规金融机构林权抵押贷款的占比为 α，则从正规金融机构的林权抵押贷款为 αF_t，非正规金融机构贷款为 $(1-\alpha)F_t$，则农户的实际投资 P_t 为：

$$P_t=F_t-\gamma_1\alpha F_t-\gamma_2(1-\alpha)F_t=[1-\gamma_2+(\gamma_2-\gamma_1)\alpha]F_t \tag{5-11}$$

将式（5-10）代入式（5-9）可得：

$$K_t=(1-\delta)K_{t-1}+[1-\gamma_2+(\gamma_2-\gamma_1)]F_t \tag{5-12}$$

令 $m=(\bar{L})^{\theta}$ 为农户的最大有效劳动力，当 $y=mK$ 时，则农户收入的增长函数可表示为：

$$y_t = m(1-\delta)K_{t-1} + mP_t \tag{5-13}$$

将式（5-11）代入式（5-12）可得：

$$y_t = m(1-\delta)K_{t-1} + m[1-\gamma_2 + (\gamma_2-\gamma_1)\alpha]F_t \tag{5-14}$$

由式（5-14）可知，随着林权被纳入正规金融部门的抵押贷款范围，则农户获取正规金融部门的贷款将增加，即 α 将增大，又因为 $\gamma_2-\gamma_1>0$，所以 y_t 增加，即林权抵押贷款使农户的收入增加。

二、变量选取和方法选择

（一）变量选取

本节的被解释变量为农户收入，用农户家庭总收入、工资性收入、经营性收入和转移性收入来表示，并分别加1后取自然对数来保证数据的平稳和消除变量间的非线性问题。核心解释变量用林权抵押贷款来表征，农户有林权抵押贷款记作1，否则记作0。为了厘清农户对参与林权抵押贷款的影响因素，进一步测度林权抵押贷款对农户的增收效应，选取农户家庭拥有的自然资产、户主的基本特征和家庭的基本特征为控制变量（见表5-7）。

表5-7　变量定义和描述

	变量	变量定义	均值	标准差	最小值	最大值
家庭收入	家庭总收入（元）	家庭收入的自然对数	9.41	0.98	4.99	11.42
	工资性收入（元）	工资性收入的自然对数	5.21	4.60	0.00	11.20
	经营性收入（元）	经营性收入的自然对数	4.31	4.11	0.00	10.74
	转移性收入（元）	转移性收入的自然对数	7.53	0.50	0	11.01
核心变量	林权抵押贷款	参与=1，未参与=0	0.52	0.50	0	1
	生态移民补偿	参与=1，未参与=0	0.56	0.50	0	1
	技术培训补偿	参与=1，未参与=0	0.16	0.37	0	1
	现金补偿	参与=1，未参与=0	0.70	0.46	0	1
	提供就业补偿	参与=1，未参与=0	0.49	0.50	0	1

续表

变量		变量定义	均值	标准差	最小值	最大值
户主特征	文化程度	小学及以下=1，初中=2，高中及以上=3	1.31	0.48	1.00	3.00
	性别	男=1，女=0	0.75	0.43	0.00	1.00
	年龄（岁）	实际年龄	59.66	12.49	28.00	83.00
家庭特征	家庭总人数（人）	家庭实际人口数	3.71	1.46	1.00	10.00
	家庭劳动力人数（人）	家庭实际劳动力人数	2.02	1.07	0.00	5.00
	耕地面积（亩）	农户实际承包耕地面积	6.20	2.75	0.77	16.79
	林地面积（亩）	农户实际承包林地面积	7.47	6.10	0.23	30.13
	抚养比（%）	家庭需要抚养人数的比例	0.45	0.28	0.00	1.00

注：林权抵押贷款为本节研究核心变量，生态移民补偿、技术培训补偿、现金补偿和提供就业补偿为本章第三节研究的核心变量，其他变量和第三节均相同。

用截面数据进行 Logit 回归分析时，可能会出现多重共线问题而降低检验的可靠性，造成可决系数较高，无法正确反映每个解释变量对被解释变量的单独影响（王丽佳和刘兴元，2019），因此在做 Logit 回归分析之前需对各自变量进行多重共线检验，其检验结果各变量 VIF 值均小于 10，均值为 2.47，最大为 7.12，所以排除了解释变量间多重共线问题。

（二）倾向得分匹配法

本部分在林权抵押贷款对农户理论框架和理论模型推导的基础上，利用倾向得分匹配（PSM）实证林权抵押贷款对农户增收效应。倾向得分匹配法是一种能够有效消除传统线性回归模型计量结果产生的有偏估计和变量内生性问题的一种非参数统计方法（Wooldridge，2002），选取倾向得分匹配（PSM）来估计林权抵押贷款对农户的增收效应，参考倾向得分匹配研究的基本分析思路框架（王慧玲和孔荣，2019），令虚拟变量 D_i 表示农户 i 是否参与林权抵押贷款，$i=1$ 为参与，$i=0$ 为未参与。具体研究步骤如下：

第一步：倾向得分匹配的估计。本书运用二项选择 Logit 模型估计出倾向得分：

$$p(x_i) = P(D_i = 1 \mid X = x_i) = \frac{\exp(\beta x_i)}{1 + \exp(\beta x_i)} \qquad (5-15)$$

式（5-15）表示逻辑分布的累计函数，β 表示相应的参数变量。

第二步：倾向得分匹配。用核函数匹配、k 近邻匹配、半径匹配三种匹配方法进行匹配，如果匹配结果相似，则证明匹配结果稳健且样本有效性良好（陈强，2014）。在倾向得分估计比较准确的基础上进行匹配平衡性检验，如果匹配后解释变量标准化偏差小于 25，说明在统计学上通过了平衡检验。

第三步：计算平均处理效应。因为是研究林权抵押贷款对农户的增收效应，所以选择处理组的平均处理效应（ATT）更为适合。假设控制组为 C，处理组为 D，则林权抵押贷款对农户增收的平均处理效应（Gebel & Vobemer，2014）如下：

$$ATT = \frac{1}{N} \sum_{i: D = 1} (Y_{1i} - Y_{0i}) \qquad (5-16)$$

式中，N 为参与林权抵押贷款的农户数，$D_i = 1$ 为参与林权抵押贷款的农户，$D_i = 0$ 为未参与林权抵押贷款的农户，Y_{1i} 和 Y_{0i} 分别为处理组和控制组中被匹配的农户的收入。

三、林权抵押贷款对农户增收效应分析

本部分利用 Stata15 软件分析了农户参与林权抵押贷款的影响因素，并实证分析了林权抵押贷款对农户的增收效应。

（一）林权抵押贷款对农户增收的描述分析

与未参与林权抵押贷款的农户相比，参与林权抵押贷款的农户平均收入水平增加（见表5-8），其中家庭总收入增加 2921.61 元，人均收入增加 690.15 元，工资性收入增加 1897.61 元，经营性收入增加 1160.75 元，转移性收入增加 32.19 元，平均其他收入减少 114.09 元。

表 5-8　参与林地抵押贷款农户平均收入情况　　　　单位：元

参与情况	工资性收入	其他收入	转移性收入	经营性收入	家庭收入	家庭人均收入
未参与	7752.02	354.18	5731.45	2591.15	16427.64	5045.76
参与	9649.63	240.09	5763.64	3751.90	19349.25	5735.91
合计	8732.84	295.21	5748.09	3191.11	17937.74	5402.48

资料来源：根据实地调查数据计算整理。

（二）农户参与林权抵押贷款的影响因素

如表 5-9 所示，运用 Logit 模型分析了农户参与林权抵押贷款的影响因素，结果显示，所有系数与边际影响的符号一致，农户参与林权抵押贷款的主要因素是家庭拥有林地的面积。

表 5-9　倾向得分匹配 Logit 回归结果

变量	系数	标准差	z 值	边际影响
文化程度	0.101	0.126	0.800	0.024
性别	0.089	0.140	0.630	0.021
年龄	0.003	0.005	0.640	0.001
总人口数	0.043	0.083	0.520	0.011
劳动力	0.044	0.152	0.290	0.011
耕地面积	0.025	0.023	1.100	0.006
林地面积	0.043***	0.010	4.150	0.010
抚养比	−0.569	0.481	−1.180	−0.138
常数项	0.163	0.476	0.340	

（三）农户增收效应分析

为了验证结果的可靠性，采用三种方法进行平衡性检验，以确保检验样本的匹配效果，待匹配效果较好后进行林权抵押贷款对农户的增收效应进行分析（见表 5-10）。

表 5-10　匹配平衡性检验结果

被解释变量	匹配方法	伪 R^2	LR 统计量	标准化偏差（%）
	匹配前	0.021	33.28	34.70[*]
家庭收入	核函数匹配	0.001	1.50	7.20
	k 近邻匹配	0.002	3.15	10.40
	半径匹配	0.001	1.71	7.70
工资性收入	核函数匹配	0.001	0.74	5.10
	k 近邻匹配	0.001	2.21	8.70
	半径匹配	0.001	1.17	6.40
经营性收入	核函数匹配	0.001	0.74	5.10
	k 近邻匹配	0.001	2.21	8.70
	半径匹配	0.001	1.17	6.40
转移性收入	核函数匹配	0.001	0.74	5.10
	k 近邻匹配	0.001	2.21	8.70
	半径匹配	0.001	1.17	6.40

注：核函数密度匹配选用宽度为 0.06，k 近邻匹配时 k 设定为 9，半径匹配卡尺范围设定为 0.06。

1. 匹配平衡性检验

对三种匹配方法匹配后进行平衡性检验（见表 5-10），解释变量的标准化偏差由 34.7% 下降到 5.1%~10.4%，均小于 25，证明匹配后控制组和处理组除被解释变量外，其他控制变量不存在显著差异，即倾向得分匹配估计结果是可靠的。

2. 林权抵押贷款对农户增收效应分析

分别测算林权抵押贷款对农户家庭总收入、工资性收入、经营性收入和转移性收入的平均处理效应（ATT），三种匹配方法计算的结果差异不大，进一步佐证匹配样本数据具有良好的稳健性（见表 5-10 和表 5-11），所以，选用三种匹配结果的均值来表征影响效应。

表 5-11 ATT 平均处理效应估计结果

被解释变量	匹配方法	差距	标准误差	T 值
家庭收入	匹配前	0.217**	0.058	3.73
	核函数匹配	0.174**	0.060	2.90
	k 近邻匹配	0.185**	0.063	2.92
	半径匹配	0.176**	0.060	2.94
	均值	0.178	—	—
工资性收入	匹配前	0.377**	0.173	2.17
	核函数匹配	0.336*	0.176	1.90
	k 近邻匹配	0.332*	0.172	1.92
	半径匹配	0.325*	0.168	1.93
	均值	0.331	—	—
经营性收入	匹配前	0.581***	0.181	3.20
	核函数匹配	0.456**	0.174	2.62
	k 近邻匹配	0.422**	0.178	2.37
	半径匹配	0.452**	0.174	2.60
	均值	0.443	—	—
转移性收入	匹配前	-0.063	0.146	-0.43
	核函数匹配	-0.139	0.150	-0.92
	k 近邻匹配	-0.076	0.158	-0.48
	半径匹配	-0.139	0.146	-0.92
	均值	-0.118	—	—

林权抵押贷款政策有效地促进了农户收入，主要是通过提高农户经营性收入和工资性收入，促进家庭收入的增加。从家庭收入角度来看，林权抵押贷款对农户家庭收入有显著的增收效应（见表 5-11），排除其他影响因素后，林权抵押贷款影响农户的效应为 0.178，说明林权抵押贷款使农户家庭收入净增加 17.8%。这充分证明了林权抵押贷款对农户家庭收入有显著的正向影响，且对农户的收入具有一定的促进作用，同时也证实了参与林权抵押贷款的农户比没有参与林权抵押贷款的农户的家庭收入明显提高，这一研究结论与其他学者研究的结论一致（马嘉鸿等，2016；马橙

等，2020）。从家庭经营性收入来看，林权抵押贷款大幅度提高了农户的家庭经营收入，使其家庭经营性收入净增加 44.3%，林权抵押贷款改善了低收入家庭金融服务的机会，在很大程度上解决了农户生产经营中的资金约束问题，加强了低收入人群的生产性资产，提高他们的生产力，并增加实现可持续生计的潜力，因此，林权抵押贷款对农户的生产经营产出具有较大的促进作用，能够改善农户家庭的福利，从而使农户家庭经营性收入大幅度增加（谢玉梅等，2016）。从工资性收入来看，林权抵押贷款对农户工资收入有显著的正效应，净效应为 0.331，使农户的工资性收入增加33.1%。这表明林权抵押贷款对农户工资收入起到增收效应，其原因可能是林权抵押贷款为闽江源林农企业缓解资金困难问题，扩大生产规模，增强吸纳劳动力的能力，为农民家门口就业提供了更多岗位。随着林权制度改革的深化，通过林地流转和林权抵押贷款可以使林农企业更进一步扩大生产规模，为当地农户提供更多就业机会。从转移性收入来看，林权抵押贷款对农民转移性收入存在负效应，但在统计学上不显著，究其原因可能是三明市 90% 以上山林林权分散在林农手中，因林农林权小额分散，致使银行 90% 以上的林权贷款授信集中在国有林场与林业大户手中，一般农户没有富余的资金入股或投入到林业企业和相关企业的生产经营中。总之，林权抵押贷款作为一种金融补偿方式，主要影响农户（企业）的生产经营状况而促进（带动）农户家庭收入的增加（刘芳，2017）。

综上所述，农户对林权抵押贷款的参与主要受到家庭拥有的自然资本的影响。林权抵押对农户的家庭收入和经营性收入有显著的增收效应。林权抵押贷款政策的实施缓解了农户资金短缺问题，使农户扩大了生产经营规模和提高生产效率，大幅度提高农林经营性收入，从而促进农户家庭收入的提高。同时，林权抵押贷款政策促进当地经济的发展，通过提供更多的就业岗位和发挥涓滴效应带动当地农户的发展，促进当地农户家庭收入的增加。虽然林权抵押贷款对农户转移性收入在统计学上不显著，但从长远来看，随着农户收入增加，资本存量扩大，可以从事一些投资经营，促进农户收入的增加。

第三节 不同生态补偿方式对农户的增收效应

在前两节生态公益林补偿和林权抵押贷款对农户增收效应研究的基础上，本节分析不同生态补偿方式对农户收入的增收效应。试图从理论上厘清不同生态补偿方式对农户收入的增长机理，既是对生态补偿理论和实践的补充和完善，也是为乡村振兴和巩固扶贫攻坚成果有效衔接提供理论依据和参考价值。

一、不同生态补偿方式对农户的增收分析与研究假设

在生态补偿政策实施过程中，不同地方根据其特点采取不同的生态补偿方式，不同生态补偿方式对农户家庭收入产生不同的影响。生态补偿方式主要有生态移民补偿、技术培训补偿、现金生态补偿、提供就业岗位补偿等。

（一）生态移民补偿

生态移民补偿是指通过一定的搬迁优惠或配套政策，让农户从生活环境较为恶劣的地方搬迁到适宜生活生产的地区，农户的社会关系得已重构，从而拓宽了农户的社会资本（宁静等，2018），增加了农户的就业机会，促进了农户工资性收入的增加，使农户改变原来单一的收入渠道。同时，通过生态搬迁移民增加了农户的转移性收入，提高农户的家庭收入，也改善了农村公共基础服务设施等外部条件，为农户增加非农收入创造了有利条件，使农户的综合生计能力整体提高（王立安等，2013）。为此，提出如下假设：

假设1：生态移民补偿改善了农户的生活生产条件，从而促经农户转移性收入和工资性收入的增加，带动了农户家庭总收入的增加。

（二）技能培训补偿

技能培训补偿通常是在生态补偿实施过程中对农户进行种植业、养殖业等方面的技术技能培训，其目的是为了提高农户的知识水平和技能水平，并逐步改善落后的农业生产方式和技术（肖颖等，2021；尹振宇和吴传琦，2021），提高农户的人力资本和劳动生产率，拓宽农民的生计途径，使农户的工资性收入和经营性收入增加，促进农户家庭总收入增加（黄海峰等，2018）。为此，提出如下假设：

假设 2：技能培训补偿促进了农户的经营性收入和工资性收入的增加，从而增加家庭总收入。

（三）现金生态补偿

现金生态补偿通常是给予参与生态环境保护的农户损失的补助，各地根据不同的生态补偿制度制定不同的生态补偿标准，直接给予现金直接补偿，这种方式可以直接增加农户转移性收入（王丹和黄季焜，2018），同时，因农户部分林地划拨为生态林而使林地面积减少，富余的劳动力转移，外出务工促使增加工资性收入，而带动家庭收入的增加。为此，提出如下假设：

假设 3：现金补偿改变了农户的生计模式，促进了农户工资性收入和转移性收入的增加，带动了农户家庭总收入的提高。

（四）提供就业岗位补偿

就业岗位补偿通常是通过劳动力转移，将农户剩余劳动力转入护林员、林业保育员等公益性岗位，增加了农户的就业机会，拓宽家庭收入来源。同时，岗位补偿改变了农户家庭收入结构，提高了农户的内生动力工资收入，提高家庭整体收入水平（朱烈夫等，2018）。为此，提出如下假设：

假设 4：提供就业岗位补偿提高了农户的工资收入，从而增加家庭收入。

二、变量选取和方法选择

（一）变量选取

从微观视角分析不同生态补偿方式对农户的增收效应，解释变量用家庭总收入、工资性收入、经营性收入、转移性收入来表示。核心解释变量用生态移民补偿、技术培训补偿、现金补偿和岗位补偿来表示，协变量用户主基本特征、家庭基本特征和家庭拥有的自然资本来表示，变量的描述性统计如表 5-7 所示。

（二）倾向得分匹配

因为倾向得分匹配法（PSM）能够有效地解决样本自选产生的偏差问题而被广泛应用到政策评估中。故选取倾向得分匹配法来估计不同生态补偿方式对农户收入的增收效应，其基本思路是：首先在控制组的农户样本组中找到与处理组相匹配的样本农户，其次对农户进行倾向得分匹配，最后测算平均处理效应（王慧玲和孔荣，2019）。其详细步骤如下：

第一步：估计倾向得分。运用二项选择 Logit 模型估计出倾向得分，得到逻辑分布的累计函数如下：

$$p(x_i) = P(D_i = 1 \mid X = x_i) = \frac{\exp(\beta x_i)}{1 + \exp(\beta x_i)} \qquad (5-17)$$

式中，β 表示相应的参数变量。

第二步：倾向得分匹配。用核函数匹配方法进行匹配，待倾向得分估计比较准确后进行匹配平衡性检验。通常匹配后解释变量标准化偏差小于 25，在统计学上被视为匹配结果可信且通过平衡性检验（陈强，2014）。

第三步：平均处理效应。设控制组农户样本集合为 C，处理组农户样本集合为 T，则不同生态补偿方式对农户增收的平均处理效应为（Gebel & Vobemer，2014）：

$$ATT = \frac{1}{N_{i;\,D=1}} \sum (Y_{1i} - Y_{0i}) \qquad (5-18)$$

式中，N 为参与生态补偿的农户家庭数，$D = 1$ 为参与某种生态补偿方式的农户，$D = 0$ 为未参与某种生态补偿方式的农户，Y_{1i} 和 Y_{0i} 分别为处理组和控制组中被匹配的农户的收入。

三、不同生态补偿方式对农户增收效应分析

（一）农户参与不同生态补偿方式的影响因素

如表 5-12 所示，采用 Logit 模型进行概率估计每个样本的倾向得

分，完成处理组和控制组的匹配。结果显示，家庭劳动力人数与外出打工人数对农户参与生态补偿移民和岗位补偿有显著的影响。家庭劳动力人数、外出打工人数、抚养比和家庭拥有的自然资本对农户参与技能培训有显著的影响。户主年龄、外出打工人数和家庭承包林地面积对农户参与现金补偿有显著的影响。总之，农户的人力资本和自然资本是农户选择生态补偿方式的主要因素。

表 5-12　不同生态补偿方式倾向得分 Logit 回归结果

变量	（1）	（2）	（3）	（4）
文化程度	0.054 (0.43)	0.305* (1.92)	−0.098 (−0.74)	−0.146 (−1.15)
性别	0.033 (0.23)	−0.029 (−0.15)	−0.162 (−1.06)	0.049 (0.34)
年龄	−0.002 (−0.46)	−0.010 (−1.48)	−0.011** (−2.00)	−0.004 (−0.74)
家庭总人数	0.063 (0.76)	0.354*** (3.03)	0.087 (0.97)	0.041 (0.47)
家庭劳动力人数	0.404** (2.46)	−0.563*** (−2.61)	−0.064 (−0.37)	0.639*** (3.81)
外出打工人数	−0.566*** (−5.37)	−0.076 (−0.57)	−0.196* (−1.79)	−0.698*** (−6.57)
抚养比	−0.631 (−1.30)	−2.172*** (−3.19)	−0.543 (−1.05)	−0.474 (−0.96)
承包耕地面积	0.006 (0.25)	−0.081** (−2.47)	0.017 (0.68)	0.006 (0.28)
承包林地面积	0.001 (0.11)	−0.035** (−2.30)	0.023** (2.04)	0.005 (0.44)
常数	0.209 (0.43)	0.149 (0.24)	1.752*** (3.36)	−0.059 (−0.12)
Log likelihood	−748.139	−484.989	−738.518	−681.844
N	1126	1126	1126	1126
LR chi^2 (9)	48.22	32.8	83.64	15.69

续表

变量	（1）	（2）	（3）	（4）
Pseudo R^2	0.031	0.033	0.054	0.011
Prob>chi^2	0.000	0.000	0.000	0.0738

注：括号内表示对应系数的 z 值。模型中（1）表示生态移民补偿；（2）表示技能培训补偿；（3）表示现金生态补偿；（4）表示提供就业岗位补偿。

（二）匹配平衡性检验

倾向得分评估后，检验匹配后处理组与控制组是否存在系统差别以确保倾向得分匹配的估计质量。运用核函数匹配分别对不同生态补偿进行匹配（见表5-13），通常认为匹配后的标准偏差均值（MeanBias）与中位数偏差均值（MedBias）减小，标准化偏差（B 值）小于 25 通过平衡性检验（陈强，2014）。生态移民补偿、技术培训补偿、现金生态补偿和提供就业岗位补偿匹配后的 LRchi^2 值均大幅度降低且不显著，且 MeanBias 与 MedBias 均明显减小，B 值也小于 25，证明倾向得分匹配通过了平衡性检验。

表 5-13　匹配平衡性检验结果

补偿方式		PsR^2	LRchi^2	p>chi^2	MeanBias	MedBias	B
生态移民补偿	匹配前	0.031	47.86	0.000	8.3	3.8	42.0*
	匹配后	0.003	5.27	0.810	4.2	3.9	12.9
技术培训补偿	匹配前	0.032	32.42	0.000	10.7	9.7	46.1*
	匹配后	0.001	0.28	1.000	1.5	1	5.5
现金生态补偿	匹配前	0.011	15.82	0.071	6.4	6.3	26.0*
	匹配后	0.001	1.64	0.996	1.6	1.3	6.5
提供就业岗位补偿	匹配前	0.053	82.9	0.000	11.5	5.7	55.5*
	匹配后	0.003	3.87	0.920	3.2	3.8	11.8

注：核函数匹配选用宽度为 0.06。

（三）核密度平均处理效应估计

不同生态补偿方式对农户的收入影响不尽相同（见表5-14）。生态移民补偿促进了农户工资性收入和转移性收入，进而促进了农户家庭总收入的增加，佐证了假设1。生态移民补偿对农户的家庭总收入、工资性收入和转移性收入的平均净效应分别为0.578、3.635和0.491，尤其是生态移民使农户的工资性收入高达原来的3.6倍之多。据调查发现，生态移民的农户原来生存环境闭塞，周边打工赚钱的机会较少；而搬迁到乡镇交通便利的地方，周边企业用工较多，兼职打工赚钱的机会增多，所以工资性收入比未搬迁之前大幅度提升。生态搬迁移民与农户的经营性收入存在正相关，但并不显著。

表5-14　不同生态补偿方式对农户家庭收入的核密度平均处理效应（ATT）

补偿方式	家庭总收入	经营性收入	工资性收入	转移性收入
生态移民补偿	0.578 *** （9.61）	0.487 （1.87）	3.635 *** （13.79）	0.491 *** （3.10）
技术培训补偿	0.240 *** （3.05）	0.540 （1.56）	1.218 *** （3.32）	-0.552 ** （-2.36）
现金生态补偿	0.230 *** （3.43）	-5.560 ** （-2.12）	0.681 *** （2.24）	0.637 *** （3.64）
提供就业岗位补偿	0.600 *** （10.26）	-0.01 （-0.37）	5.270 *** （23.29）	-3.089 （-1.94）

注：括号内表示对应系数的t值。

技术培训补偿明显增加了农户的工资性收入，并促进了农户家庭收入的增加，佐证了假设2。技术培训补偿与农户经营性收入为正相关但并不显著，从长远来看，对农户的经营性收入有一定的促进作用。技术培训补偿对农户的家庭总收入和工资性收入的净效应分别为0.240和1.218。技术培训补偿与农户的转移性收入存在显著的负相关。农户的转移性收入主要来源于政府的扶贫、林地的赎买以及其他方面投资的分红等收益。究其原因可能是掌握技术的农户更喜欢扩大自己的生产规模，减少其他方面的投入。

现金生态补偿有效地促进了农户的工资性收入和转移性收入，从而促进农户家庭总收入，佐证了假设 3。现金生态补偿对农户的家庭总收入、工资性收入和转移性收入的净效应分别为 0.230、0.681 和 0.637。现金生态补偿与农户经营性收入呈显著的负相关，农户的经营性收入减少。这一结论与吴乐等（2018）的研究结论一致。其原因可能是闽江源林业资源丰富，被调查农户原先都有从事林业经营，现金生态补偿主要是对农户的林地划归或通过赎买等方式转变为生态公益林或生态保护林，减少了农户的自然资本，使农户失去了林业经营收入，而生态补偿的补偿标准偏低，与林农的营林收入和失去的机会成本之间的差距较大，会对农户的收入产生负面影响（Sierra et al.，2006）。所以，在林业资源富集地区，现金补偿会抑制农户营林收入的增加，影响了农户经营性收入。

提供就业岗位补偿明显增加了农户的工资性收入和家庭总收入，佐证了假设 4。提供就业岗位补偿对农户的家庭总收入和工资性收入的净效应分别为 0.600 和 5.270，提供就业岗位补偿对农户工资性收入增加 5 倍多，其原因可能是原先农民打工的机会较少，大多数山区家庭的主要经济来源多为农林经营收入，兼职机会少，工资性收入几乎没有。一方面政府为农户提供了公益性岗位，如护林员、生态建设工程等，提高了农户兼职赚钱的机会；另一方面政府对农村剩余劳动力进行培训后开展劳务输出，相比原先农户的工资收入有大幅度提升。

（四）空间异质性比较分析

为进一步研究不同生态补偿对农户的增收效应的空间异质性比较分析，下面对生态补偿对农户增收的实证研究的文献进行了梳理，并对不同生态补偿方式在不同地方对农户增收效应的影响进行比较分析。马橙等（2020）研究发现，陕西森林生态补偿对农户家庭平均收入有显著的增收效应。罗媛月等（2020）以农牧交错带为研究区域，发现草原生态补偿的实施明显提高了牧户的收入。唐鸣和汤勇（2012）基于浙江 128 个村的调查研究发现，生态补偿的实施为当地农户增加了林业管护员的就业岗位，并促使林农的非农就业明显增加，农户的工资性收入明显增加。尚海洋等（2018）对甘肃石羊河流域研究发现，现金生态补偿能够有效地缓解低收入农户的收入问题，该研究结论与吴乐等以及本书研究结论不吻合，其主要原因可能是生态资源富集区和生态资源贫瘠区现金生态补偿对农户的收入影响不尽相同。熊雪等（2017）对云南、贵州和陕西三省六县技能培训对农户收入实证研究结果表明，农户技能培训对农户收入有显著的促进作用，技能培训使云南、贵州和陕西三省的农民家庭总收入提高了21.75%。许忠俊等（2021）对云南七省的研究发现生态搬迁补偿能够促进农户的工资性收入，从而提高农户的家庭总收入。总体来看，不同生态补偿方式在不同地区对农户的收入有明显的促进作用。

综上所述，四种生态补偿方式均显著促进了农户的家庭总收入，生态移民补偿对农户工资性收入和转移性收入均有显著的正向影响，有力推动了农村劳动力的转移，增加了农户收入。技术培训补偿对农户工资性增加效应显著，而与农户转移性收入之间呈显著的负相关，技术培训补偿促进了农户的工资性收入，而降低了农户的转移性收入。现金生态补偿与工资性收入和转移性收入之间存在显著的正相关，促进了农户工资性收入和转移性收入；在生态林业资源富集区，现金补偿与农户经营性收入呈负相关，现金补偿通过抑制农户的营林收入而减少了农户的经营性收入。提供就业岗位补偿对农户的工资性收入有显著的正效应，明显促进了农户的工资性收入。

第六章
闽江源生态环境可持续性评估

闽江源生态环境的保护，是解决生态保护区人民群众的生存与发展的根本问题，也是解决经济发展重点区域与生态保护重要区域之间的协调发展的问题，确保闽江上下游区域的生态安全和经济持续发展。生态环境可持续发展评估是判断经济发展和生态保护协同发展的重要依据。因此，本章在对闽江源生态环境现状分析的基础上，分别用生态环境承载力和生态效率对闽江源生态环境可持续性进行评估，并用生态环境脆弱性指标对生态补偿等级进行划分，试图解决"谁先补"的问题。

第一节　闽江源生态环境现状分析

一、闽江源生态环境基础良好

闽江源拥有林地面积 190 万公顷，占土地总面积的 82.8%，森林覆盖率 78.6%，森林蓄积量 1.73 亿立方米。有国家森林公园 6 处国家森林公园，省级森林公园 19 处，森林公园总面积达 249.49 平方千米（见表 6-1）。有国家地质公园等 5 处（见表 6-2），有省级地质公园 5 处，共有地质公园总面积 518.92 平方千米,受保护地面积占比达 21.72%。共有省级以上森林和野生动物类型自然保护区 11 个(见表 6-3),国家湿地公园 2 处、省级 6 处、保护小区 711 处。省级以上自然保护区总面积 8.58 万公顷,占全市土地面积的 3.7%。共有风景名胜区 7 处(见表 6-4),总面积 2.72 万公顷,占全市土地面积的 1.18%。有国家级自然保护区 3 处,省级自然保护区 4 处。泰宁县、明溪县、将乐县、建宁县、宁化县 5 个县获得国家生态文明建设示范县称号。

表 6-1 闽江源省级及以上森林公园情况

序号	名称	面积(平方千米)	位置	级别
1	三明市猫儿山国家森林公园	25.60	泰宁县	国家级
2	三明市三元国家森林公园	45.73	三元区	国家级
3	三明市仙人谷森林公园	14.88	梅列区	国家级
4	三明市将乐天阶山森林公园	9.39	将乐县	国家级
5	三明市闽江源森林公园	11.82	建宁县	国家级
6	三明市永安九龙竹海森林公园	17.04	永安市	国家级
7	三明市金丝湾森林公园	11.52	梅列区	省级
8	三明市沙县大佑山森林公园	3.60	沙县	省级
9	三明市永安东坡森林公园	7.94	永安市	省级
10	三明市尤溪枕头山森林公园	3.99	尤溪县	省级
11	三明市尤溪罗汉山森林公园	7.17	尤溪县	省级
12	三明市宁化客家祖地森林公园	16.08	宁化县	省级
13	三明市大谷山森林公园	1.00	大田县	省级
14	三明市大田一顶尖森林公园	10.22	大田县	省级
15	三明市明溪雪峰山森林公园	5.08	明溪县	省级
16	三明市明溪紫云森林公园	3.86	明溪县	省级
17	三明市将乐金溪森林公园	1.89	将乐县	省级
18	三明市清流大丰山森林公园	26.81	清流县	省级
19	三明市沙县天湖森林公园	3.19	沙县	省级
20	三明市沙县罗岩山森林公园	1.81	沙县	省级

续表

序号	名称	面积（平方千米）	位置	级别
21	宁化寨头里森林公园	4.48	宁化	省级
22	清流桂溪森林公园	2.13	清流	省级
23	大田七星湖森林公园	7.65	大田	省级
24	泰宁炉峰山森林公园	5.35	泰宁	省级
25	建宁小溪源森林公园	1.26	建宁	省级
	合计	249.49		

表6-2　闽江源国家级地质公园情况

序号	名称	区域范围	面积（公顷）
1	天鹅洞群国际地质公园	宁化	24800
2	清流省级温泉地质公园	清流	22000
3	永安国家地质公园	永安	22000
4	福建泰宁世界地质公园	泰宁	492500
5	福建大金湖国家地质公园	泰宁	215200
	合计		776500

表6-3　闽江源省级及以上级别自然保护区情况

序号	保护区名称	区域范围	主要保护对象	面积（公顷）
1	龙栖山国家级自然保护区	将乐县西南部	中亚热带常绿阔叶林、红豆杉、华南虎	15693
2	天宝岩国家级自然保护区	永安市	中亚热带常绿阔叶林、长苞铁杉、猴头杜鹃林、泥炭藓沼泽	11015
3	闽江源国家级自然保护区	建宁县境内东南部	中亚热带常绿阔叶林、水源涵养林	13022
4	君子峰国家级自然保护区	明溪县境内	中亚热带常绿阔叶林、黄腹角雉、红豆杉	18060
5	牙梳山省级自然保护区	省宁化县北部安远乡境内	森林植被及珍稀动植物物种	4733
6	格氏栲省级自然保护区	三明市西南20多千米	格氏栲、米储林	1125

续表

序号	保护区名称	区域范围	主要保护对象	面积（公顷）
7	萝卜岩省级自然保护区	沙县富口乡与明溪县夏阳乡交界处	闽楠、中亚热带常绿阔叶林	327
8	峨嵋峰省级自然保护区	泰宁县北部的新桥乡境内	中亚热带常绿阔叶林	5418
9	九阜山省级自然保护区	尤溪县西南部	中亚热带常绿阔叶林、红豆杉、水松	2308
10	大仙峰省级自然保护区	大田县屏山乡许山村境内	中亚热带常绿阔叶林、黄山松群落	6893
11	莲花山省级自然保护区	清流县境内北部	中亚热带常绿阔叶林和珍稀濒危野生动植物资源	1722
合计				80316

表 6-4 闽江源风景名胜区情况

序号	名称	面积（平方千米）	位置	级别
1	桃源洞-鳞隐石林风景名胜区	30.23	永安市	国家级
2	泰宁风景名胜区	140	泰宁县	国家级
3	玉华洞风景名胜区	43	将乐县	国家级
4	天鹅洞风景名胜区	11.14	宁化县	省级
5	七仙洞-淘金山风景名胜区	3.1	沙县	省级
6	瑞云山风景名胜区	13	梅列区	省级
7	九龙湖风景名胜区	75.4	清流县	省级
合计		315.87		

二、闽江源污染排放较为严峻

闽江源传统产业居多，工业分布相对较为密集，且大多数分布在沿河两岸，工业排污较为严重，污染源相对较为密集，环境治理的挑战较大，任务艰巨，尤其是在资源环境约束下，要实现经济发展高质量和生态环境高颜值的挑战性更大。2006~2022 年，三明市废水排放量呈波动式变

化，从 2006 年的 2.28 亿吨减少到 2018 年的 1.37 亿吨，再缓慢增长到
2022 年的 1.73 亿吨，总体趋势呈下降态势。氨氮排放量先减后增，呈倒
N 形，到 2022 年的 2600 吨为最少排放量。二氧化硫排放量总体呈现减少
态势，从 2006 年的 8.08 吨减少到 2022 年的 0.80 吨。颗粒物排放量呈波
动变化，2009 年排放量最小，为 1.3 万吨，2022 年排放量为 1.46 万吨。
工业固体废物产生量也呈波动变化，2010 年排放量最大，为 1153.96 万
吨，2020 年排放最小为 730.91 万吨（见表 6-5）。

表 6-5　2006~2022 年闽江源污染排放情况

年份	废水排放总量 （亿吨）	氨氮排放量 （吨）	二氧化硫排放量 （万吨）	颗粒物排放量 （万吨）	工业固体废物产生量 （万吨）
2006	2.28	5327.00	8.08	1.95	585.57
2007	2.26	3542.00	7.57	1.67	790.20
2008	2.31	3490.00	7.31	1.46	777.43
2009	2.21	3680.00	7.05	1.30	788.13
2010	2.37	3800.00	6.60	2.63	1153.96
2011	2.31	6800.00	4.95	3.49	987.80
2012	2.35	6600.00	5.15	3.59	832.93
2013	2.20	6642.00	4.98	3.61	854.50
2014	2.10	6342.00	4.70	7.57	848.41
2015	1.92	5486.00	4.13	6.54	962.91
2016	1.60	3521.00	2.48	5.02	808.78
2017	1.40	3600.00	1.90	2.69	833.23
2018	1.37	3800.00	1.80	2.54	862.70
2019	1.40	3859.00	1.66	2.59	879.51
2020	1.69	2800.00	1.09	1.80	730.91
2021	1.73	2700.00	0.91	1.66	761.64
2022	1.73	2600.00	0.80	1.46	739.63

资料来源：根据历年《三明统计年鉴》数据计算整理。

2022 年，闽江源全年废水排放量为 1.73 亿吨，其中，工业废水排放

占 27.75%，生活污水占 72.25%。工业废水排放主要集中在三元区（原三元区和梅列区）、沙县区和永安市，排放量为 3697.94 万吨，占全市废水排放量的 76.4%。化学需氧量排放达到 2148.47 吨，化学需氧量排主要集中在三元区、沙县区、永安市、尤溪县和将乐县，排放量达 1921.97吨，占全市排放量的 89.46%。工业废弃排放量为 2489.28 亿立方米，排放主要集中在三元区、永安市、大田县和沙县区，排放量为 2130.89 亿立方米，占全市的 85.60%。工业颗粒排放物排放量为 11622.32 吨，主要排放集中在三元区、永安市、大田县和将乐县，排放量达 10458.45 吨，占全市排放量的 90%。一般工业固体废物产生量为 724.85 万吨，一般工业固体废物排放主要集中在三元区、宁化县和大田县，排放量为 567.26 万吨，占全工业固体废物排放量的 78.26%（见表 6-6）。

表 6-6　2022 年闽江源各区县污染排放情况

区县	工业废水排放量（万吨）	化学需氧量排放量（吨）	工业废气排放量（亿立方米）	工业颗粒物排放量（吨）	一般工业固体废物产生量（万吨）
三明市	4842.91	2148.47	2489.28	11622.32	724.85
三元区	903.35	327.34	1076.58	3653.57	298.59
沙县区	1769.42	938.75	138.63	208.56	29.78
永安市	1025.17	355.08	656.92	3590.18	44.56
明溪县	153.95	24.22	33.72	381.86	8.00
清流县	63.77	35.44	72.94	69.31	39.19
宁化县	14.70	2.24	39.50	50.99	182.11
大田县	142.70	37.41	258.76	1961.85	86.56
尤溪县	187.23	138.95	84.21	177.90	12.88
将乐县	359.78	161.85	79.87	1252.85	20.64
泰宁县	12.67	4.14	19.25	159.54	1.32
建宁县	210.18	88.76	28.89	115.72	1.23

资料来源：根据《三明统计年鉴》计算整理。

三、生态环境综合整治成效显著

政府不断加大生态环境治理投资力度。三明市生态治理投资占地区生产总值的比重为 3.58%。从图 6-1 可知，2019 年全市投入生态环境治理最大，为 4.43 亿元。2020 年，闽江源污水处理率 95.28%，其中市区达95.28%，分别比上年提高 3.65 个和 5.28 个百分点；生活垃圾无害化处理率 100%，比上年提高 0.16 个百分点，其中市区达 100%。2018 年，开展生态环境综合治理攻击行动、工业污染专项整治行动，对沙溪、金溪、尤溪等流域沿河两岸的"十小"企业进行取缔。强化工业大气污染治理，推进 VOCS、氮氧化物、颗粒物等多种污染协同治理减排，确保污染物排放总量不断下降。不断加大植树造林美化生态环境，2020 年全年植树造林总面积 19.13 万亩。推动产业生态化和生态产业化。2019 年，三钢率先在全

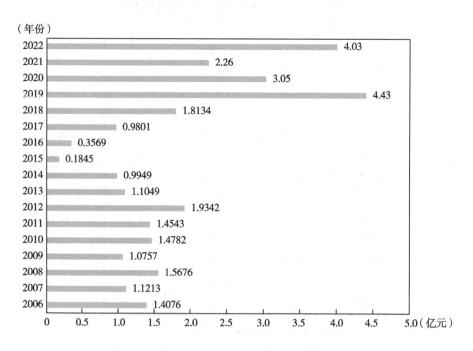

图 6-1 2006~2022 年闽江源生态环境治理投资

资料来源：根据历年《三明统计年鉴》数据计算整理。

省开展烧结机脱硝试点工程，单位 GDP 能耗 0.34 吨标准煤/万元、单位工业增加值新鲜水耗 17.6 立方米/万元、工业用水重复率 86.8%、工业固体废物处置利用率 93.29%。以食用菌、茶叶、蔬菜、果品、畜禽、药材等农业优势主导产业为重点，发展一批农业生产、深加工、商贸、科技龙头企业和项目，促进生态农业、效益农业、观光农业加快发展。深化集体林权制度改革，全面推进重点商品林赎买制度，探索生态资产化、资产证券化的生态产业化路径。

　　综上所述，虽然闽江源主体功能生态环境基础好，生态环境优良，并且地方政府加大了生态环境保护和治理的力度，投入了大量的人力、物力和财力。但是环境问题还常有发生，三废排放需要进一步减少，环境治理投入逐年增加，财政压力不断增大。所以，闽江源生态环境保护的任务仍然非常艰巨。

第二节　闽江源生态环境承载力评价

　　生态环境承载力是权衡人类社会经济活动和环境系统协调发展的状况的重要指标。长期以来主体功能区受到生态环境保护和区域经济发展难以协调的困扰，也存在着资源需求压力和生态环境破坏的严峻挑战。以最少的资源消耗和最低的环境投入的前提下取得最优的生态环境效益，是现阶段我国主体功能区推进生态文明建设的关键问题。本节依据闽江源 2005～2022 年的相关数据，运用资源环境承载力模型评价了闽江源可持续发展能力，为制定闽江源社会经济和生态环境协调发展的生态补偿政策提供有益参考。

一、资源环境承载力评价指标体系构建

现有研究对区域主体功能区资源环境承载力评价指标体系的构建多从经济、社会、环境和资源等方面入手（郭轲和王立群，2015；雷勋平等，2016；李秀霞和孟玫，2017；刘明，2017；吕一河等，2018）。本书综合近年资源环境承载力的文献，根据闽江源的资源环境状况，借鉴已有研究的评价思路和框架以及数据的可获得性，主要从经济社会、资源、环境三个方面选取 19 个指标构建了闽江源资源环境承载力评价指标体系（见表 6-7）。

表 6-7 闽江源资源环境承载力评价指标体系

目标层	准则层	指标层	指标单位	指标类型	指标代码	指标说明
资源环境承载力指数 RE	经济社会指数 S	人均 GDP	元/人	正指标	S1	GDP/常住人口
		第三产业产值占 GDP 比重	%	正指标	S2	第三产业产值/GDP
		城镇化水平	%	正指标	S3	城镇常住人口/常住人口总数
		居民人均可支配收入	元/人	正指标	S4	—
		居民人均消费支出	元/人	正指标	S5	—
		城镇登记失业率	%	逆指标	S6	—
	资源指数 R	每万人拥有的耕地面积	公顷/万人	正指标	R1	耕地面积/常住人口
		城市每万人拥有的建设用地面积	公顷/万人	正指标	R2	—
		城市人口密度	人/平方千米	逆指标	R3	—
		人均水资源量	年均降水量	正指标	R4	—
		万元 GDP 用水量	立方米/万元	逆指标	R5	综合用水量/GDP
		万元 GDP 能源消费量	千克标准煤/万元	逆指标	R6	能源消费量/GDP

目标层	准则层	指标层	指标单位	指标类型	指标代码	指标说明
资源环境承载力指数RE	环境指数 E	森林覆盖率	%	正指标	E1	—
		城市建成区绿化覆盖率	%	正指标	E2	—
		环保投资额占 GDP 比重	%	正指标	E3	环境污染治理投资总额/GDP
		工业固体废物综合利用率	%	正指标	E4	工业固体废物综合利用量/工业固体废物产生量
		万元 GDP 的 SO$_2$ 排放量	千克/万元	逆指标	E5	—
		万元 GDP 的 NOx 排放量	千克/万元	逆指标	E6	—
		万元 GDP 的废水排放量	千克/万元	逆指标	E7	—

二、基于熵权 TOPSIS 法的资源环境承载力评价模型构建

(一) 标准化评价矩阵构建

依据上述确定的指标体系,令闽江源资源环境承载力的初始评价指标矩阵为 $X = (X_{ij})_{m \times n}$,其中,$m$ 为评价目标的个数 $i = 1$, 2, $\cdots$, m;n 为评价指标的个数,$j = 1$, 2, $\cdots$, n。即矩阵涉及 m 个评价目标和 n 个评价指标。初始评价指标矩阵形式如下:

$$X = \begin{bmatrix} x_{11} & x_{12} & \cdots & x_{1n} \\ x_{21} & x_{22} & \cdots & x_{2n} \\ \vdots & \vdots & \ddots & \vdots \\ x_{m1} & x_{m2} & \cdots & x_{mn} \end{bmatrix} \tag{6-1}$$

式中,X 为初始评价矩阵,x_{ij} 为第 i 个评价目标的第 j 个指标的初始值。对所收集的数据进行标准化,尽可能消除指标的效益(正向)、成本(逆向)、量纲、数量级等属性造成的偏差。根据所选指标的不同性质,分别对正向指标、逆向指标采用如下公式进行标准化处理。

正向指标:

$$r_{ij} = \frac{x_{ij} - \min(x_{ij})}{\max(x_{ij}) - \min(x_{ij})} \tag{6-2}$$

逆向指标：

$$r_{ij} = \frac{\max(x_{ij}) - x_{ij}}{\max(x_{ij}) - \min(x_{ij})} \tag{6-3}$$

式中，x_{ij} 是第 i 个评价目标的第 j 个指标的初始值；$\min(x_{ij})$、$\max(x_{ij})$ 分别是第 j 个指标在各评价目标中的最小值与最大值；r_{ij} 是第 i 个评价目标的第 j 个指标的标准化值。处理后得到标准化后的评价矩阵如下：

$$R = \begin{bmatrix} r_{11} & r_{12} & \cdots & r_{1n} \\ r_{21} & r_{22} & \cdots & r_{2n} \\ \vdots & \vdots & \ddots & \vdots \\ r_{m1} & r_{m2} & \cdots & r_{mn} \end{bmatrix} \tag{6-4}$$

（二）熵权法确定指标权重

由于权重的确定有较大主观性，且多指标变量的信息往往也具有重叠性。熵权法可以利用原始数据信息分析指标关联度，根据各项指标承载的信息量，从而使权重的确定更加地客观，故采用熵权法确定各指标的权重。

首先，计算第 j 项指标下第 i 个评价目标指标值占该指标的比重：

$$p_{ij} = \frac{r_{ij}}{\sum\limits_{i=1}^{m} r_{ij}} \tag{6-5}$$

其次，计算第 j 项指标的熵值：

$$e_j = -k \sum\limits_{i=1}^{m} p_{ij} \ln(p_{ij}) \tag{6-6}$$

其中，$k = 1/\ln(m)$，$e_j \geq 0$，且 $\ln 0 = 0$。然后，计算信息熵冗余度：

$$d_j = 1 - e_j (j = 1, 2, \cdots, n) \tag{6-7}$$

最后，计算各项指标的权重：

$$w_j = \frac{d_j}{\sum\limits_{i=1}^{n} d_j} (j = 1, 2, \cdots, n) \tag{6-8}$$

（三）基于熵权法的评价矩阵构建

在资源环境承载力的标准化评价矩阵基础上，利用熵权 w_j 构建出闽江

源规范化评价矩阵 Y，计算过程如下：

$$Y = \begin{bmatrix} y_{11} & y_{12} & \cdots & y_{1n} \\ y_{21} & y_{22} & \cdots & y_{2n} \\ \vdots & \vdots & \ddots & \vdots \\ y_{m1} & y_{m2} & \cdots & y_{mn} \end{bmatrix} = \begin{bmatrix} r_{11} \cdot w_1 & r_{12} \cdot w_2 & \cdots & r_{1n} \cdot w_n \\ r_{21} \cdot w_1 & r_{22} \cdot w_2 & \cdots & r_{2n} \cdot w_n \\ \vdots & \vdots & \ddots & \vdots \\ r_{m1} \cdot w_1 & r_{m2} \cdot w_2 & \cdots & r_{mn} \cdot w_n \end{bmatrix} \qquad (6-9)$$

（四）正负理想解确定

设 y_j^+ 为评价数据中第 j 个指标在所有评价目标中的最大值，它是正理想解，即可选择的最偏好的方案。y_j^- 为评价数据中第 j 个指标在所有评价目标中的最小值，它是负理想解，即最不偏好的方案。其计算方法如下：

$$y_j^+ \,|\, j = 1, 2, \cdots, n = \{ \max(y_{ij}) \,|\, i = 1, 2, \cdots, m \} \qquad (6-10)$$

$$y_j^- \,|\, j = 1, 2, \cdots, n = \{ \min(y_{ij}) \,|\, i = 1, 2, \cdots, m \} \qquad (6-11)$$

（五）距离计算

关于距离的计算，借鉴徐文斌等（2018）的处理方法，采用欧几里得度量（Euclidean Metric）计算公式。设 D_i^+ 为第 i 个评价目标与 y_j^+ 的距离，D_i^- 为第 i 个评价目标与 y_j^- 的距离，计算方法如下：

$$D_i^+ = \sqrt{\sum_{j=1}^{n} (y_{ij} - y_j^+)^2} \qquad (6-12)$$

$$D_i^- = \sqrt{\sum_{j=1}^{n} (y_{ij} - y_j^-)^2} \qquad (6-13)$$

（六）计算评价目标值与理想解的贴近度

设 T_i 为第 i 个评价目标资源环境承载力靠近最优承载力的程度，称为贴近度，其取值范围是 $[0, 1]$。T_i 越大，越靠近资源环境承载力最优水平。当 $T_i = 0$ 时，资源环境承载力最小。当 $T_i = 1$ 时，资源环境承载力最大。资源环境承载力的大小可采用与理想解的贴近度进行衡量，如果贴近度越大，那么意味着承载力越大；反之，如果贴近度越小，则表示承载力越小。计算方法如下：

$$T_i = D_i^+ / (D_i^+ + D_i^-) \qquad (6-14)$$

三、闽江源各市县区资源环境承载力评价

(一) 权重的计算

结合闽江源 2005~2022 年的相关数据，利用熵权法计算的闽江源资源环境承载力相关指标的权重如表 6-8 所示。从中可以看出，闽江源不同指标对资源环境承载力的权重不尽相同，万元 NO_x 排放量、万元用水量、万元 SO_2 排放量和万元能耗的贡献度较大，其权重分别为 0.0855、0.0844、0.0825 和 0.0781。

表 6-8 闽江源资源环境承载力评价指标权重

指标	指标说明	权重
E1	森林覆盖率	0.0518
E2	人均绿地面积	0.0263
E3	治理费用占 GDP 的比重	0.0291
E4	固废利用率	0.0663
E5	万元 SO_2 排放量	0.0825
E6	万元 NO_x 排放量	0.0855
E7	万元废水排放	0.0243
R1	万人耕地面积	0.0566
R2	每万建设用地	0.0664
R3	城市人口密度	0.0688
R4	人均拥有水资源量	0.0660
R5	万元用水量	0.0844
R6	万元能耗	0.0781
S1	人均 GDP	0.0370
S2	三产占 GDP 比重	0.0185
S3	城镇化水平	0.0551
S4	居民可支配收入	0.0328
S5	居民生活消费支出	0.0336
S6	城镇失业率	0.0370

资料来源：课题组计算。

（二）正负理想解距离分析

在确定权重后，根据资源环境承载力的式（6-12）和式（6-13），结合闽江源 2005~2022 年的数据，计算出闽江源各市县区资源环境承载力的正理想解距离和负理想解距离。其计算结果如表 6-9 和 6-10 所示。

1. 正理想解距离分析

从时间动态来看，2005~2022 年，闽江源 18 年的平均正理想解距离为 0.3528，最大正理想解距离为 2006 年的 0.4179，最小正理想解距离为 2022 年的 0.3067，正理想解距离呈降低趋势。18 年净减少 0.0984，平均每年减少 1.53%。明溪县和建宁县正理想解距离总体呈波动平稳状态，且略有增大，其中明溪县 18 年净增加 1.0537，年均增加 0.29%；建宁县 18 年净增加 1.0473，年均增长 0.26%。其他各市县区正理想解距离总体呈现降低趋势，尤其是永安市和沙县区的减少趋势更大，永安市 18 年净减少 0.6055，年均减少 2.75%；沙县区 18 年净减少 0.6347，年均减少 2.49%（见表 6-9 和图 6-2）。

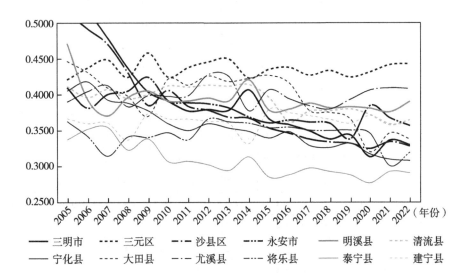

图 6-2　2005~2022 年闽江源各市县区资源环境承载力与正理想解距离变化趋势

从空间变动来看，2005~2022 年，闽江源各市县区 18 年的正理想解距离变化幅度不大。但各市县区之间正理想解距离有明显的差异，正理想解距离最大的为明溪县，18 年的平均最大理想距离为 0.4359，正理想解距离最小值的为大田县的 0.3069（见表 6-9）。这说明明溪县距离资源环境承载力最优的距离最近，而大田县相对较远些。闽江源距离最优资源环境承载力的距离由近至远的顺序依次为明溪县、建宁县、三元区、泰宁县、清流县、永安市、沙县区、将乐县、尤溪县、宁化县和大田县。

表 6-9　2005~2022 年闽江源各市县区资源环境承载力与正理想解距离

年份	三明市	三元区	沙县区	永安市	明溪县	清流县	宁化县	大田县	尤溪县	将乐县	泰宁县	建宁县
2005	0.4051	0.4468	0.5154	0.5438	0.4208	0.4112	0.3623	0.3368	0.3660	0.4095	0.4718	0.3896
2006	0.4179	0.4312	0.4924	0.5175	0.4374	0.3957	0.3411	0.3514	0.3592	0.3810	0.3932	0.4040
2007	0.3925	0.4093	0.4711	0.4801	0.4490	0.4068	0.3133	0.3541	0.3602	0.3999	0.3700	0.4126
2008	0.3878	0.3978	0.4311	0.4377	0.4240	0.3943	0.3405	0.3220	0.3362	0.4047	0.3957	0.3828
2009	0.3772	0.3694	0.3848	0.4037	0.4584	0.3998	0.3399	0.3379	0.3731	0.4243	0.4049	0.3983
2010	0.3591	0.4213	0.4056	0.3905	0.4244	0.4120	0.3464	0.3057	0.3656	0.3914	0.3909	0.3973
2011	0.3494	0.4130	0.3832	0.3768	0.4379	0.4104	0.3365	0.3061	0.3654	0.3884	0.3909	0.3982
2012	0.3591	0.4260	0.3779	0.3790	0.4459	0.4131	0.3658	0.3012	0.3621	0.3870	0.3950	0.4280
2013	0.3528	0.4181	0.3680	0.3780	0.4501	0.4117	0.3617	0.2934	0.3592	0.3812	0.3909	0.4254
2014	0.3479	0.4225	0.3667	0.4063	0.4230	0.4139	0.3597	0.3122	0.3309	0.3684	0.4205	0.3771
2015	0.3389	0.4267	0.3527	0.3655	0.4353	0.3955	0.3532	0.2837	0.3788	0.3600	0.3779	0.4065
2016	0.3475	0.4157	0.3454	0.3574	0.4381	0.3616	0.3541	0.2872	0.3741	0.3640	0.3795	0.3937
2017	0.3280	0.3772	0.3371	0.3487	0.4270	0.3768	0.3498	0.2965	0.3701	0.3612	0.3876	0.3841
2018	0.3251	0.3745	0.3331	0.3372	0.4335	0.3770	0.3493	0.2916	0.3647	0.3593	0.3811	0.3794
2019	0.3310	0.3653	0.3311	0.3431	0.4241	0.3794	0.3498	0.2868	0.3593	0.3374	0.3824	0.3929
2020	0.3160	0.3191	0.3237	0.3121	0.4315	0.3716	0.3452	0.2756	0.3700	0.3841	0.3804	0.4059
2021	0.3085	0.3458	0.3335	0.3357	0.4418	0.3572	0.2994	0.2916	0.3588	0.3670	0.3755	0.4090
2022	0.3067	0.3372	0.3271	0.3292	0.4433	0.3642	0.3185	0.2899	0.3590	0.3559	0.3900	0.4081
均值	0.3528	0.3954	0.3822	0.3912	0.4359	0.3918	0.3437	0.3069	0.3618	0.3791	0.3932	0.3996

资料来源：根据正理想解公式计算。

2. 负理想解距离分析

从时间动态来看，2005~2022 年，闽江源各市县区的负理想解距离 18 年的变化幅度也不大。闽江源 18 年的平均负理想解距离为 0.5476，最大负理想解距离为 2021 年的 0.5937，最小负理想解距离为 2006 年的 0.4825，负理想解距离呈增长态势。18 年净增加 0.0984，平均每年增加 1.01%。明溪县和建宁县负理想解距离总体呈波动平稳状态，且略有降低。其中，明溪县 18 年减少 0.0226，年均减少 0.27%；建宁县 18 年减少 0.0184，年均减少 0.20%。其他各县区负理想解距离总体呈现增加趋势，尤其永安市和沙县区的增加趋势更大。其中，永安市 18 年净增加 0.2145，年均增长 2.24%；沙县区 18 年净增加 0.1883，年均增长 1.21%（见表 6-10 和图 6-3）。

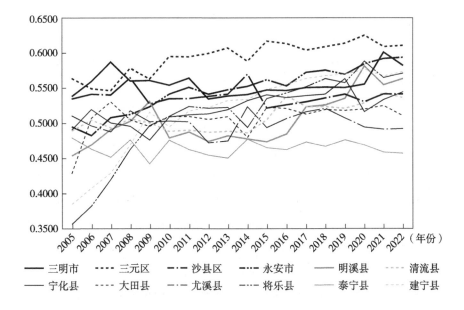

图 6-3　2005~2022 年闽江源各市县区资源环境承载力与负理想解距离变化趋势

从空间动态来看，各市县区之间负理想解有明显的差异，负理想解距离最大的为大田县，18 年的平均负大理想距离解为 0.5935，负理想解最小值的为明溪县，18年的平均的负理想距离解为 0.4645（见表 6-10 和图 6-3）。这一结论进一步证明明溪县距离最优承载力的距离较近，而大田县相对较远。再次证明闽江源距离最优资源环境承载力的距离由近至远的顺序依次为明溪县、建宁县、三元区、泰宁县、清流县、永安市、沙县区、将乐县、尤溪县、宁化县和大田县。

表 6-10　2005~2022 年闽江源各市县区资源环境承载力与负理想解距离

年份	三明市	三元区	沙县区	永安市	明溪县	清流县	宁化县	大田县	尤溪县	将乐县	泰宁县	建宁县
2005	0.4953	0.4535	0.3850	0.3566	0.4796	0.4892	0.5380	0.5636	0.5344	0.4909	0.4285	0.5108
2006	0.4825	0.4692	0.4080	0.3828	0.4630	0.5046	0.5592	0.5490	0.5412	0.5194	0.5072	0.4963
2007	0.5079	0.4911	0.4293	0.4203	0.4514	0.4936	0.5870	0.5463	0.5402	0.5005	0.5304	0.4878
2008	0.5125	0.5026	0.4693	0.4627	0.4763	0.5061	0.5598	0.5784	0.5642	0.4957	0.5047	0.5175
2009	0.5232	0.5310	0.5156	0.4966	0.4420	0.5006	0.5605	0.5625	0.5273	0.4761	0.4955	0.5021
2010	0.5413	0.4791	0.4948	0.5099	0.4760	0.4884	0.5540	0.5947	0.5348	0.5090	0.5095	0.5031
2011	0.5510	0.4874	0.5171	0.5236	0.4625	0.4900	0.5638	0.5943	0.5349	0.5120	0.5095	0.5022
2012	0.5413	0.4744	0.5225	0.5214	0.4545	0.4872	0.5345	0.5992	0.5383	0.5134	0.5054	0.4723
2013	0.5476	0.4823	0.5324	0.5224	0.4503	0.4887	0.5387	0.6070	0.5412	0.5192	0.5095	0.4749
2014	0.5525	0.4779	0.5337	0.4940	0.4774	0.4865	0.5407	0.5882	0.5695	0.5320	0.4799	0.5233
2015	0.5615	0.4736	0.5477	0.5349	0.4651	0.5049	0.5472	0.6167	0.5216	0.5403	0.5225	0.4939
2016	0.5529	0.4847	0.5550	0.5430	0.4623	0.5388	0.5463	0.6132	0.5263	0.5363	0.5209	0.5067
2017	0.5724	0.5232	0.5632	0.5517	0.4734	0.5236	0.5506	0.6039	0.5303	0.5392	0.5128	0.5163
2018	0.5753	0.5259	0.5673	0.5632	0.4668	0.5234	0.5511	0.6088	0.5357	0.5411	0.5193	0.5210
2019	0.5694	0.5350	0.5693	0.5573	0.4763	0.5210	0.5506	0.6136	0.5411	0.5630	0.5179	0.5075
2020	0.5844	0.5813	0.5767	0.5883	0.4689	0.5288	0.5552	0.6248	0.5304	0.5163	0.5200	0.4945
2021	0.5919	0.5546	0.5668	0.5646	0.4586	0.5432	0.6010	0.6088	0.5416	0.5334	0.5249	0.4913
2022	0.5937	0.5631	0.5733	0.5712	0.4571	0.5362	0.5819	0.6105	0.5414	0.5445	0.5104	0.4923
均值	0.5476	0.5050	0.5182	0.5091	0.4645	0.5086	0.5567	0.5935	0.5386	0.5212	0.5071	0.5008

资料来源：根据负理想解公式计算。

（三）闽江源资源环境承载力贴近度分析

从时间动态来看，2005～2022 年，闽江源资源环境承载力贴近度呈现下降态势，闽江源资源环境承载力贴近度最大值为 2006 年的 0.4641，最小值为 2022 年的 0.3406。18 年净减少 0.1093，年均降低 1.53%。不同县（市、区）资源环境承载力贴近度变化不同，明溪县和建宁县资源环境承载力贴近度呈波动增长，明溪县 18 年增长 0.0251，年均增长 0.29%，建宁县 18 年增长 0.0205，年均增长 0.26%。其他各市县区均呈现不同程度的减少态势，降幅最大的为永安市，18 年净减少 0.2383，年均降低 2.75%，其次为沙县区，18 年净减少 0.2091，年均降低 2.49%（见图 6-4）。

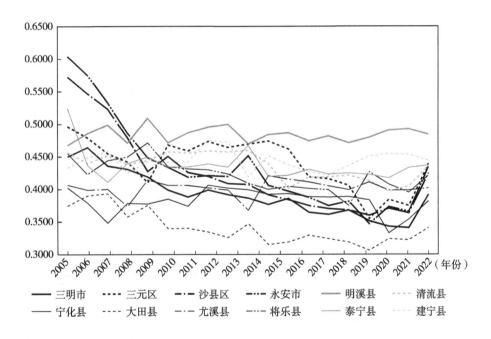

图 6-4　2005～2022 年闽江源各市县区资源环境承载力
贴近度变化趋势

从空间变动来看，2005～2022 年，闽江源各市县区资源环境承载力贴近度有一定的差异，有 9 个市县区平均资源环境承载力贴近度在 0.4 以上，占 81.82%，2 个县在 0.4 以下，占 18.18%。明溪县的年均资源环境承载力贴近度最大，大田县的资源环境承载力贴近度最小，分别为 0.4841 和 0.3408（见表 6-11）。

表 6-11　2005~2019 年闽江源各市县区资源环境承载力贴近度

年份	三明市	三元区	沙县区	永安市	明溪县	清流县	宁化县	大田县	尤溪区	将乐县	泰宁县	建宁县
2005	0.4499	0.4963	0.5724	0.6039	0.4673	0.4567	0.4024	0.3741	0.4064	0.4548	0.5240	0.4327
2006	0.4641	0.4789	0.5469	0.5748	0.4857	0.4395	0.3789	0.3903	0.3989	0.4231	0.4367	0.4487
2007	0.4359	0.4546	0.5232	0.5332	0.4986	0.4518	0.3480	0.3933	0.4001	0.4441	0.4109	0.4582
2008	0.4307	0.4418	0.4787	0.4861	0.4709	0.4379	0.3782	0.3576	0.3734	0.4495	0.4395	0.4252
2009	0.4190	0.4102	0.4274	0.4484	0.5091	0.4441	0.3775	0.3753	0.4143	0.4712	0.4497	0.4423
2010	0.3988	0.4679	0.4505	0.4337	0.4713	0.4576	0.3847	0.3395	0.4061	0.4347	0.4341	0.4412
2011	0.3881	0.4587	0.4256	0.4185	0.4864	0.4558	0.3738	0.3400	0.4059	0.4314	0.4341	0.4422
2012	0.3988	0.4732	0.4197	0.4209	0.4953	0.4588	0.4063	0.3345	0.4022	0.4298	0.4387	0.4754
2013	0.3919	0.4644	0.4087	0.4198	0.4999	0.4573	0.4017	0.3259	0.3989	0.4234	0.4341	0.4725
2014	0.3864	0.4693	0.4072	0.4513	0.4698	0.4596	0.3995	0.3467	0.3675	0.4091	0.4670	0.4188
2015	0.3763	0.4739	0.3917	0.4059	0.4835	0.4393	0.3923	0.3151	0.4207	0.3999	0.4197	0.4515
2016	0.3859	0.4617	0.3836	0.3970	0.4865	0.4016	0.3932	0.3189	0.4155	0.4043	0.4215	0.4373
2017	0.3643	0.4189	0.3744	0.3873	0.4742	0.4185	0.3885	0.3293	0.4110	0.4011	0.4305	0.4266
2018	0.3610	0.4160	0.3699	0.3745	0.4815	0.4187	0.3879	0.3239	0.4051	0.3991	0.4233	0.4213
2019	0.3676	0.4058	0.3677	0.3811	0.4710	0.4213	0.3885	0.3185	0.3991	0.3748	0.4247	0.4364
2020	0.3509	0.3544	0.3595	0.3467	0.4793	0.4127	0.3834	0.3060	0.4109	0.4266	0.4225	0.4508
2021	0.3426	0.3841	0.3704	0.3729	0.4907	0.3968	0.3325	0.3238	0.3985	0.4076	0.4170	0.4543
2022	0.3406	0.3746	0.3633	0.3657	0.4924	0.4045	0.3537	0.3219	0.3987	0.3953	0.4332	0.4532
均值	0.3918	0.4391	0.4245	0.4345	0.4841	0.4351	0.3817	0.3408	0.4018	0.4211	0.4367	0.4438

资料来源：根据贴近度公式计算。

　　根据计算所得的闽江源资源环境承载力贴近度的均值，利用 ARCGIS 进行空间化的表达（见图 6-5）。从空间差异来看（见图 6-2），闽江源各市县区生态环境承载力有一定的差异，但整体差异不大，生态环境承载力由高到低的顺序依次为明溪县、建宁县、三元区、泰宁县、清流县、永安市、沙县区、将乐县、尤溪县、宁化县和大田县。明溪县、建宁县和三元区 3 个区县处在生态环境承载力较高的水平，占27.27%，生态环境承载力处于中间水平的有泰宁县、将乐县、沙县区、尤溪县、清流县和永安市 6 个市县区，占 54.55%，大田和宁化 2 个县生态环境承载力处于较低水平，占 18.18%。由此可见，不同县（市、区）之间的资源环境承载力不同，且与各市县区的经济发展水平、资源禀赋、环境保护、地理位置等方面密切相关。

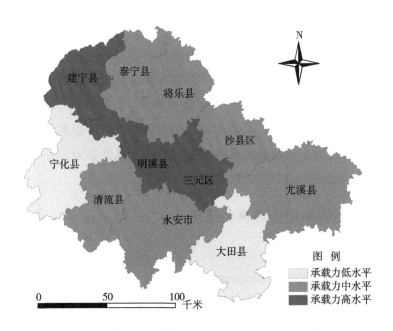

图 6-5　闽江源各市县区平均资源环境承载力空间分异

注：三明行政界线用国家地理标准，天地图矢量数据，承载力值作为属性输入到各县进行显示该图。

审图号：明 S（2025）002 号。

第三节 闽江源生态效率评估

在评估闽江源生态资源环境承载力的基础上，为了进一步研究闽江源生态环境可持续发展能力，对闽江源生态效率进行评价。生态效率是反映区社会发展、经济增长和生态环境的协同发展的表征性指标，是通过将资源生态消耗嵌入传统的社会经济投入产出核算（喻忠磊等，2016），已成为区域可持续性评估的重要工具。主体功能区受生态环境保护制度的约束较大，指标选择上应重视生态环境保护的规制和环境质量。基于此，本章选用非期望产出超效率（SE-SBM）模型和非期望产出的全要素生产率指数（ML）模型，结合 2005~2019 年闽江源 11 个市县区 15 年的面板数据，对闽江源生态效率的时间动态演变和空间变化以及影响因素进行实证分析，以期为我国主体功能区可持续发展的研究提供参考，并为当地的政策制定科学合理的生态补偿方式提供科学依据。

一、生态效率评估的模型选择

（一）SE-SBM 模型

数据包络分析（Data Envelopment Analysis，DEA）是一种测算决策单元多投入、多产出相对效率的多目标决策的非参数评估模型，其最大优点是不需要考虑投入、产出指标间的函数关系和对参数进行预先假设，避免了人为主观因素的影响。数据包络分析（DEA）模型的 CCR 和 BCC 方法计算效率值在 0~1，其最优效率值为 1，而超效率模型（Super Effciency Model，SE-DEA）很好地解决了 CCR 和 BCC 方法中当计算结果中有多个单元格的效率值为 1 时无法比较决策单元格优劣的弊端。但上述方法均为径向距离函数模型，没有考虑非期望产出的问题，非期望产出（SBM）模型考虑了非期望产出和传统数据包络模型中变量松弛的问题，能够更加准确地提供效率的测算和克服非期望产出而导致与实际偏离的问题（Tone，2001）。在本书研究过程中，为解决要素松弛的问题和决策单元大于 1 无法比较的问题，选用超效率模型（SE-DEA）与非期望产出（SBM）模型的结合，假设共有 n 个决策单元格，其投入矩阵 $X = (x_{io}) \in R^{m \times n}$，期望产出矩阵 $R^g = r_{r_0}^g \in R^{s_1 \times n}$，非期望产出矩阵 $R^b = r_{r_0}^b \in R^{s_2 \times n}$，且 $X > 0$，$R^g > 0$，$R^b > 0$，在规模报酬可变的情况下生产可能性集为 $P = (x, r^g, r^b \mid x \geq X\lambda, r^g \leq R^g\lambda, r^b \leq R^b\lambda)$，$\lambda$ 为向量权重，$\sum\limits_{j=1}^{n} \lambda = 1$，其具体模型如下：

$$\min p_{SE} = \frac{1 - \dfrac{1}{m}\sum\limits_{i=1}^{m}\dfrac{s^-}{x_{i0}}}{1 + \dfrac{1}{s_1 + s_2}\left[\sum\limits_{r=1}^{s_1}\dfrac{s_r^g}{r_{r_0}^g} + \sum\limits_{r=1}^{s_2}\dfrac{s_r^b}{r_{r_0}^b}\right]} \qquad (6-15)$$

$$\text{s. t.}\begin{cases} x_0 = x\lambda + s^- \\ y_0^g = y^g\lambda - s^g \\ z_0^b = z^b\lambda + s^b \\ s^- \geq 0 \\ s^g \geq 0 \\ s^b \geq 0 \\ \lambda \geq 0 \end{cases} \qquad (6-16)$$

式中，p 表示决策单元格的生态效率，m 表示投入指标，s_1 表示期望产出指标，s_2 表示非期望产出指标，s 表示松弛变量。

（二）ML 指数

非期望产出的全要素生产率指数（Malmquist-Luenberger 指数，ML）是为了解决全要素生产率指数（Malmquist Index）中的非期望产出问题，将方向距离函数引入到全要素生产率指数（Malmquist 指数）的一种方法（Fare et al.，1994）。本书研究采用非期望产出超效率模型（SBM）

的 ML 指数，假设在第 t 时期 k 个决策单元投入和产出为 (x_{kt}, y_{kt})，第 k 个决策单元第 t 时期和第 $t+1$ 时期的 ML 指数（任宇飞等，2017）如下：

$$ML(x^{t+1}, y^{t+1}, x^t, y^t) = \sqrt{\frac{d^t(x^{t+1}, y^{t+1})}{d^t(x^t, y^t)} \times \frac{d^{t+1}(x^{t+1}, y^{t+1})}{d^{t+1}(x^t, y^t)}}$$

$$= \frac{d^{t+1}(x^{t+1}, y^{t+1})}{d^{t+1}(x^t, y^t)} \times \sqrt{\frac{d^t(x^t, y^t)}{d^{t+1}(x^t, y^t)} \times \frac{d^t(x^{t+1}, y^{t+1})}{d^{t+1}(x^{t+1}, y^{t+1})}}$$

$$= EC \times TC \tag{6-17}$$

式中，ML 表示从第 t 时期到第 $t+1$ 时期的被评价 DUM 的非期望产出全要素生产率指数，$d^{t+1}(x^{t+1}, y^{t+1})$ 和 $d^t(x^t, y^t)$ 分别表示评价 DUM 第 $t+1$ 时期和第 t 时期技术效率，两者的比值为技术效率指数（EC）；若 EC 的值大于 1，表明现有技术得到充分利用，若 EC 小于 1，则表明现有技术应用不够充分，还需进一步提高；TC 表示技术进步指数，是指在投入不变时，第 $t+1$ 时期与第 t 时期距离函数之比，若 TC 大于 1，表示前沿移动，说明技术进步。

二、评价指标的选择

生态效率是指区域经济活动所获得的价值量与该过程对环境造成的负面影响及与实际利用资源要素投入的比率。在指标选取时，大多数研究将选用环境污染和资源消耗作为投入指标，地区生产指标为产出指标（屈小娥，2018），如将废水、废气和废固的排放作为效率评价中的投入要素，指标处理与实际情况不相符合（Chansarn，2014）。在区域生态效率评价时，要根据研究对象内涵的差异适当扩充或调整指标（郑德凤等，2018）。因此，本章在借鉴前人研究生态效率的评价指标基础上，依据闽江源的特征和数据的可获得性选取了建设用地、用水量、劳动力、能源、农作物播种面积以及环境治理投入费用作为投入指标。其中，建设用地以城市现状建设面积表示，用水量以规模以上工业用水消费量表示；劳动力用年末劳动力表示；能源用综合能源消费量表示，环境治理投入费用废水废气治理投入费用表示；选取 GDP、城镇可支配收入、农村可支配收入；

城市人均绿地面积以及粮食主要产量作为期望产出指标；工业废水排放量、化学需氧量排放量、氨氮排放量、工业废气排放量、工业烟（粉）尘排放量、二氧化硫排放量和工业固体废物产生量为非期望产出指标，详细指标如表6-12所示。

表6-12　闽江源生态效率评价指标体系

指标类	指标项	单位
投入指标	建设用地	平方千米
	用水量	万立方米
	劳动力	万人
	能源	吨标准煤
	农作物播种面积	亩
	环境治理投入费用	万元
产出指标	GDP	亿元
	城镇可支配收入	元
	农村可支配收入	元
	城市人均绿地面积	平方米
	粮食产量	吨
非期望产出指标	工业废水排放量	万吨
	化学需氧量排放量	吨
	氨氮排放量	吨
	工业废气排放量	亿立方米
	工业烟（粉）尘排放量	吨
	二氧化硫排放量	吨
	工业固体废物产生量	万吨

三、闽江源生态效率分析

运用非期望产出超效率模型（SE-SMB），结合闽江源2005～2022年的相关数据，用MaxDEA8.0软件测算出2005～2022年闽江源的生态效率值，如表 6-13 所示。本书将生态效率分为高效率（$\rho \geqslant 1$）、中等效率（$0.8 \leqslant \rho < 1$）、低效率（$0.6 \leqslant \rho < 0.8$）和无效率（$\rho < 0.6$）（潘竟虎和尹君，2012）。

从时间维度上分析（见表 6-13），2005~2007 年，闽江源生态效率处于有效率水平，其中 2005~2012 年生态效率处于低效率水平，2013~2016 年生态效率处于中等效率水平，2017~2022 年处于高效率水平。但在这 18 年中，生态效率的变化呈波动态势，先逐年增长，再急剧回落后又逐年增长的波动状态，整体呈现增长，年均增长 4.37%。

表 6-13　2005~2022 年闽江源各市县区生态效率

年份	三元区	沙县区	永安市	明溪县	清流县	宁化县	大田县	尤溪县	将乐县	泰宁县	建宁县	均值
2005	0.9640	0.4632	0.4817	0.5820	0.5664	0.4418	0.5101	0.4741	0.5257	0.5770	0.6239	0.5645
2006	0.9062	0.4867	0.4997	0.6025	0.5600	0.4556	0.4546	0.4967	0.5447	0.7258	0.6407	0.5794
2007	0.8517	0.4985	0.5231	0.5945	0.5401	0.4450	0.8093	0.5122	0.5458	0.8909	0.5682	0.6163
2008	0.9913	0.5377	0.5720	0.6166	0.6162	0.4673	0.5094	0.5438	0.5660	0.6712	0.6444	0.6124
2009	1.0463	0.5773	0.6997	0.6415	0.6925	0.5051	0.5875	0.5809	0.6142	0.7034	0.7083	0.6688
2010	1.4098	0.6115	0.6782	0.6446	0.6886	0.5195	0.6229	0.6420	0.6317	0.6945	0.7341	0.7161
2011	1.0020	0.7777	0.8804	0.7214	0.7410	0.6017	0.7878	0.7340	0.7298	0.8016	0.7289	0.7733
2012	0.9418	0.7598	0.7832	0.7505	0.7965	0.6245	0.7419	0.7414	0.7477	0.8198	0.8101	0.7743
2013	0.8941	0.8236	0.8060	0.7525	0.7904	0.6611	0.7713	0.8086	0.7891	0.8654	0.8837	0.8042
2014	0.9148	0.8782	0.8741	0.7855	0.8171	0.7023	0.8131	0.8808	0.8135	0.9060	0.9345	0.8473
2015	0.9376	0.8960	0.8892	0.8301	0.8687	0.7256	0.8276	0.9075	0.8402	0.9403	0.9630	0.8751
2016	0.9431	0.9447	0.9439	0.8501	0.9089	0.8073	0.8717	0.9874	0.8661	0.9798	0.9820	0.9168
2017	1.5173	1.1676	1.3195	0.8958	0.9796	0.8575	1.0163	1.2187	0.9029	1.0155	0.9726	1.0785
2018	1.0046	1.0251	1.1825	1.0014	1.0034	1.1073	1.0655	1.0306	1.0465	1.1542	1.1066	1.0662
2019	1.0590	1.1601	1.1996	1.0000	1.0008	1.2364	1.2173	1.0764	1.0135	1.0142	1.0005	1.0889
2020	1.0039	1.4694	1.2076	1.0965	1.0531	1.3405	1.0172	1.0121	1.0944	1.3437	1.0361	1.1522
2021	1.7006	1.3515	1.4790	1.1819	1.1893	1.3404	1.0182	1.1808	1.0592	1.1280	1.1954	1.2567
2022	1.4957	1.3768	1.5072	1.0927	1.1792	1.3284	1.0365	1.1139	1.0361	1.1145	1.1228	1.2185
均值	1.0880	0.8781	0.9181	0.8133	0.8329	0.7871	0.8154	0.8301	0.7982	0.9081	0.8698	0.8621

资料来源：根据生态效率公式计算。

　　从区域维度上分析（见表6-13），闽江源11个市县区中有81.2%的生态效率处于低水平，其中三元区生态效率达到超效率水平，宁化县生态效率处于无效率水平。三元区的（梅列区和原三元区）的生态效率显著高于其他各市县，其效率值为1.0880，可能是因为市区整体经济发展水平较好于其他市县，人才聚集能力相对较强，科技、医疗卫生相比其他市县较发达，生态环境治理的投资相对较高，具有典型的市区聚集效应。

　　从分解效率来看，图6-6反映了2005~2022年闽江源平均生态效率的综合效率、技术效率变化和技术进步。具体来说，闽江源生态效率总体呈波动增长态势，综合效率和技术进步的变化规律相似，表明闽江源生态效率和技术效率有较强的关联性，技术进步对提高生态效率具有积极的作用（赵哲等，2018）。所以，闽江源各市县区在今后的发展中要调整产业结构，推动产业转型升级，加大科技投入，着力发展高新技术产业。

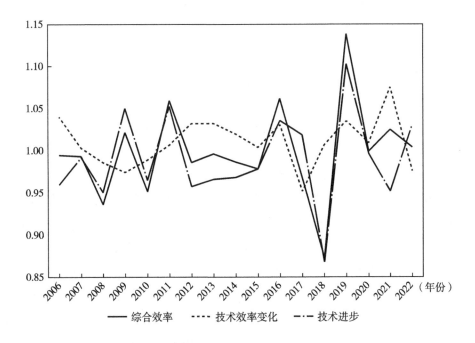

图6-6　2006~2022年闽江源生态效率分解值的时间变化趋势

资料来源：根据分解效率数据结果绘制。

闽江源 11 个市县区历年生态效率整体变化差异不大（见图 6-7）。永安市、沙县和宁化县三个市县的生态效率的离散程度较大，说明这三个市县生态效率波动较大，稳定性较差。三元区、泰宁县、建宁县和明溪县的离散程度较小，说明其生态效率相对稳定。但三元区存在着极大值，出现在 2017 年、2021 年和 2022 年，究其原因可能是 2016 年环境污水垃圾整治行动而产生生态保护的滞后效应的结果，另外近年一直加大生态环境治理也起到了一定的效果。

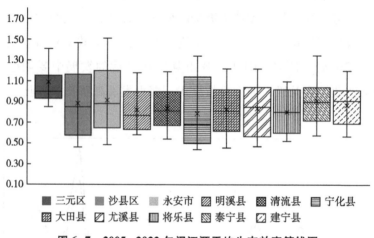

图 6-7　2005~2022 年闽江源平均生态效率箱线图

（一）闽江源生态效率的非期望产出全要素生产效率指数分析

为进一步分析闽江源生态效率随时间的动态变化趋势，结合闽江源 2005~2022 年 11 个市县区的面板数据，将非期望产出全要素生产效率指数进一步分解为纯技术效率、规模效率和技术进步（见图 6-8）。2005~2022 年，闽江源生态效率非期望产出全要素生产效率指数呈波动发展态势（见图 6-9），均值为 0.9985，表明闽江源生态环境、社会发展、经济发展基本达到协调发展。

三元区的综合效率较高，宁化的综合效率较低（见图 6-9）。整体来看，2005~2022 年闽江源各市县区技术进步差异不大，基本都徘徊在 1 左右，均值为 0.9910，其变化规律与非期望产出全要素生产效率指数的综合效率指数的变动趋势基本一致，进一步证明技术进步是闽江源各市县区可持续发展的重要影响因素。

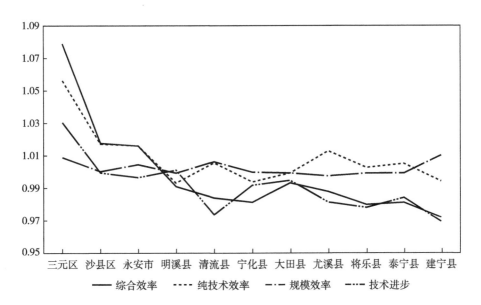

图 6-8　2005~2022 年闽江源各市县区全要素生产率分解指数

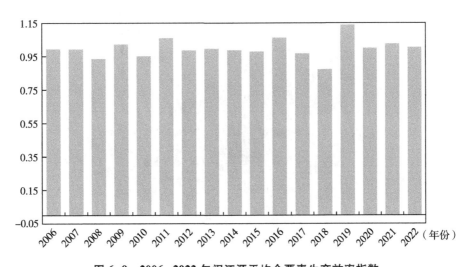

图 6-9　2006~2022 年闽江源平均全要素生产效率指数

145

（二）闽江源生态效率的时空差异及演进分析

为进一步直观科学地反映闽江源生态效率的空间分布特征，选取 2005 年、2009 年、2015 年和 2019 年计算的生态效率值，对其进行空间比较分析，研究其空间的动态演化过程，将生态效率值分为无效率、低效率、中效率、高效率和高效率 5 类（见图 6-10）。

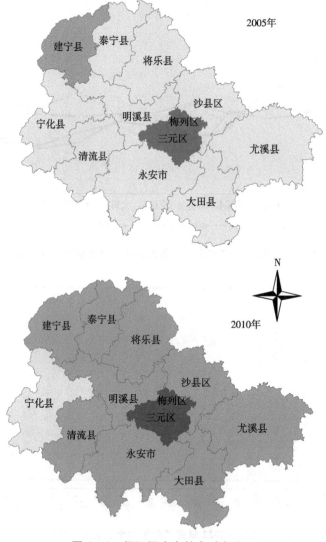

图 6-10　闽江源生态效率时空差异

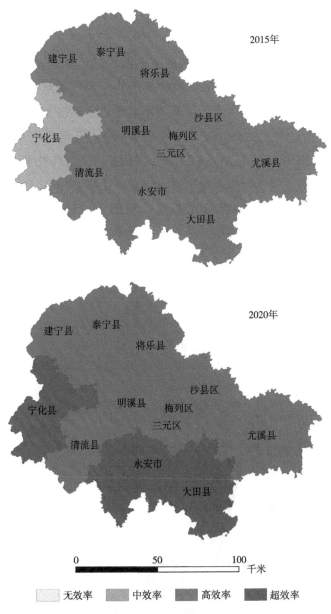

图6-10　闽江源生态效率时空差异（续）

　　注：三明行政界线用国家地理标准，天地图矢量数据，所计算的效率值作为属性输入到各县进行显示该图，梅列区和三元区于2021年合并，行政界限保持原来，数据按新三元区分析。

　　审图号：明S（2025）002号。

随着时间的推移，闽江源各市县区的生态效率均在提高，但总体呈现"东高西低"的空间演变趋势（见图6-10）。在2005年，81.8%的市县区生态效率处于无效率水平，三元区的效率值超过了1，呈现超效率水平。到2009年，宁化、大田、尤溪和沙县仍然处于无效率水平，而建宁、泰宁、将乐、明溪、清流和永安处于低效率水平，三元区呈现超效率水平状态。到2015年，除宁化县处于中等效率水平外，其他县（市、区）均呈超效率水平。到2018年以后，闽江源各市县区均呈现高效率水平以上。

为进一步揭示闽江源生态效率的演进规律，用非参数核密度函数估计生成闽江源生态效率的密度分布曲线（见图6-11）。波峰整体比较分散，随着时间的推移向右移动，说明生态效率在不断提高。所有年份的密度函数较分散且呈现单峰状态，在低密度区波动较大，右尾延长度明显增

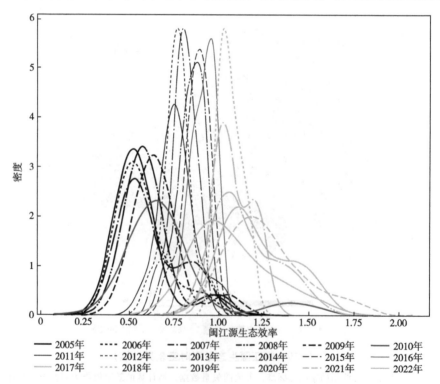

图 6-11　2005~2019 年闽江源生态效率核密度演进曲线

资料来源：根据课题组计算结果绘制。

加，可能是环境规制对闽江源不同地区生态效率影响的差异性，从而产生核密度曲线在高生态效率区波动更大的结果。

四、闽江源生态效率影响因素

进一步分析闽江源生态效率及可持续性发展的影响因子，以生态效率为被解释变量，地区经济发展水平、环境规制、产业结构、科技投入和劳动力投入为解释变量，地区经济发展水平用人均 GDP 表示，环境规制参考沈能和王艳（2016）的方法计算指标，产业结构用第三产业占地区生产总值的比重表示，科技投入用 R&D 表示，劳动力投入用年末劳动力表示。所用变量均取自然对数后进行回归分析，其回归结果如表 6-14 所示。

表 6-14　各因子的 VIF

变量	VIF	标准差	Z 值	P>｜z｜	［95% Conf. Interval］	
LNPGDP	3.464	0.389	8.910	0.000	2.702	4.227
LNER	2.477	0.236	10.510	0.000	2.015	2.940
SER	1.797	0.187	9.590	0.000	1.429	2.164
IS	1.023	0.173	5.910	0.000	0.684	1.363
LNTECH	6.964	0.776	8.980	0.000	5.444	8.484
LNLAB	2.778	0.317	8.770	0.000	2.157	3.398

注：LNPGDP 为人均 GDP，LNER 为环境规制的自然对数，SER 为环境规制的平方，IS 为产业结构，LNTECH 为科技进步的自然对数，LNLAB 为劳动力的自然对数。

由表 6-15 可知，在 0.01 水平下，经济发展水平对数与生态效率呈显著正相关。在 0.05 水平下，环境规制的对数与生态效率呈显著负相关，而环境规制对数的平方与生态效率呈 U 形，根据波特假说，环境规制起初会降低生态效率，到达极点后又会提高生态效率，从长远来看，环境规制有利于提高生态效率（邢贞成等，2018），这与本书研究结果一致。科技投入与生态效率呈显著正相关，进一步证实增加科技投入对生态效率具有积极作用。劳动力的对数与生态效率负向显著，说明随着科技的发展，人力资本对生态效率的提升作用越来越小。产业结构的对数与生态效率不显著，可能是闽江源地区第三产业对经济的贡献度较小，第三产业平均占 GDP 的 33.6%。

表 6-15　生态效率 Bootstrap 回归结果

变量	系数	标准差	z 值	P> │z│	[95% Conf. Interval]	
LNPGDP	0.131	0.039	3.380	0.001	0.055	0.206
LNER	−0.099	0.041	−2.440	0.015	−0.179	−0.020
SER	−0.044	0.017	−2.570	0.010	−0.078	−0.011
IS	0.015	0.205	0.070	0.941	−0.387	0.417
LNTECH	0.283	0.048	5.920	0.000	0.189	0.377
LNLAB	−0.329	0.098	−3.360	0.001	−0.521	−0.137
Constant	4.171	1.088	3.830	0.000	2.038	6.304
N = 198						
Wald chi^2 (6) = 419.98						
Prob>chi^2 = 0.000						
Within R^2 = 0.789						
Between R^2 = 0.722						
overall R^2 = 0.740						

注：LNPGDP 为人均 GDP，LNER 为环境规制的自然对数，SER 为环境规制的平方，IS 为产业结构，LNTECH 为科技进步的自然对数，LNLAB 为劳动力的自然对数。

综上所述，闽江源生态环境可持续发展水平不平衡，生态效率呈现"东高西低"的空间分异变化，市区为高地，具有典型的聚集效应，核密度函数分散且呈单峰状态，右尾延长度明显增长。2005~2022 年，闽江源81.2%的县（市、区）生态效率处于低效率水平，但年均以 4.08%的速度增长；到 2018 年，生态效率均处于高效率水平达到生态环境与社会经济的协同发展。闽江源生态效率的期望产出全要素生产效率指数（ML）呈波动发展态势，综合效率和技术效率关联性较强，各市县区技术进步效率差异不大。科技进步、环境规制、劳动力和经济发展水平是影响闽江源生态效率及可持续性发展的主要因素。

第四节　闽江源生态补偿等级划分

生态环境保护已经成为我国重要的基本国策之一，生态补偿是生态环境保护的重要行政手段。虽然上节通过生态环境承载力和生态效率的评估反映出闽江源生态环境的可持续发展能力，但在生态环境保护补偿中在地理空间上无法较为准确地判断其位置，在生态补偿政策实施过程中通常出现补偿边界和区域不清晰的问题。哪些区域属于优先保护区域和优先补偿区域的问题仍未解决。因此，本节用生态环境脆弱性指数构建生态补偿优先补偿的空间可视化模型，然后运用 ARCGIS 的空间分析功能，对生态补偿的优先次序在空间上进行计算并表达，试图解决"谁先补"的问题。

一、评价指标的构建及数据来源

本节在评价指标选取时，借鉴已有的研究成果（张子龙等，2015；郑德凤等，2018；韩增林等，2018；侯孟阳和姚顺波，2018），结合闽江源来源主体功能区的实际情况和数据的可获得性，主要从自然地理因素和人类活动因素两个方面选择指标，自然地理方面指标主要包括反映地理特征的高程（DEM）、坡度和坡长，反映气候特征的年平均降雨量和年均气温，以及反映植被特征的地面的覆盖度。人类活动因素选取人口密度、人均 GDP 以及废水排放量。具体指标描述如表 6-16 所示。

表 6-16　闽江源生态脆弱性评价指标

因素	指标	单位	指标说明
自然环境因素	高程	米	正向指标
	坡度	度	正向指标
	坡长	米	正向指标
	年均降雨量	毫米	负向指标
	年均气温	℃	正向指标
	植被覆盖度	%	负向指标
人类活动因素	人口密度	人/平方千米	正向指标
	人均 GDP	元/人	负向指标
	废水排放量	吨	正向指标

二、生态补偿等级评价划分的方法

（一）层次分析法

层次分析法是常用的计算权重的一种模糊数学方法，应用比较广泛，因此选用层次分析法确定各指标的权重。其具体操作步骤如下：

第一步：构建层次结构化模型。并邀请了相关领域的专家对 9 个指标进行两两比较，根据经验用 1～9 的重要程度，对各变量进行重要性赋值。

第二步：计算资源环境脆弱性各指标的权重，即计算自然资源脆弱性判断矩阵的权重，其计算公式如下：

$$\overline{w_i} = \sqrt[n]{\prod_{j=1}^{n} a_{ij}} \ (i = 1, 2, \cdots, n) \tag{6-18}$$

$$w_i = \frac{\overline{w_i}}{\sum_{i=1}^{n} \overline{w_i}} \tag{6-19}$$

式中，$W=(w_1, w_2, \cdots, w_n)$，即为 A 的特征向量的近似值。

第三步：计算特征向量的最大值，并进行一致性检验。计算公式如下：

$$\lambda_{max} = \frac{1}{n} \sum_i \frac{(AW)_i}{w_i} \tag{6-20}$$

（二）生态环境脆弱性指数模型

生态环境脆弱性是反映生态环境自我调节能力敏感性的指标，通常是指人类生产生活活动对生态环境的生态系统损伤或破坏后，生态环境的退化速度明显高于生态环境的修复能力或自净能力，打破了生态系统的动态平衡。本节通过生态脆弱性来表征生态环境保护的重要区域，生态环境脆弱性指数越高的区域是生态环境保护的重点区域，也是生态补偿优先实施的区域。所以，对所计算的生态环境脆弱性指数进行分类定级别，在ARCGIS下生成生态补偿优先等级图。其具体计算公式如下：

$$E_{EVI} = \sum_{i=1}^{n} X_{ij} \times \omega_j \tag{6-21}$$

式中，E_{EVI} 表示生态环境脆弱性指数，X_{ij} 表示生态环境脆弱性各指标第 i 行第 j 列单元格的标准化值，ω_j 表示各指标的权重。其生态脆弱性指数的值在 $0 \sim 1$，当值越接近 1，生态环境脆弱性越高，其值越接近于 0，生态环境脆弱性就越低。

三、闽江源生态补偿等级的划分

（一）生态环境脆弱性各指标权重的确定

课题组邀请了 3 位专家对构建的自然资源脆弱性的重要性进行赋值，对专家的赋值结果进行平均，然后分别构建自然资源因素的判断矩阵和人类活动因素的判断矩阵，其判断矩阵如表 6-17 和表 6-18 所示。构建完成判断矩阵后，根据式（6-17）和式（6-18）计算各指标的权重值，其权重计算结果如表 6-19 所示。最后根据式（6-20）计算权重的最大特征向量值，并进行一致性检验，本书中自然环境因素和人类活动因素的一次性检验数据分别为 0.0884 和 0.0579，均小于 0.1，故通过验证。

表 6-17　人类活动因素的判断矩阵

指标	人口密度	人均 GDP	废水排放量
人口密度	1.00	5.00	0.33

续表

指标	人口密度	人均GDP	废水排放量
人均GDP	0.20	1.00	0.14
废水排放量	3.00	7.00	1.00

资料来源：根据专家重要性赋值后计算。

表6-18　自然资源因素的判断矩阵

指标	高程	坡度	地表起伏度	年总均降水	年均气温	植被覆盖度
高程	1.00	0.33	3.00	0.20	1.00	0.33
坡度	3.00	1.00	3.00	1.00	3.00	0.33
地表起伏度	0.33	0.33	1.00	0.33	3.00	0.33
年总均降水	5.00	1.00	3.00	1.00	3.00	1.00
年均气温	1.00	0.33	0.33	0.33	1.00	0.33
植被覆盖度	3.00	3.00	3.00	1.00	3.00	1.00

资料来源：根据专家重要性赋值后计算。

表6-19　闽江源生态脆弱性权重

因素层	本层权重	指标	权重
自然环境因素	0.62	高程	0.08971
		坡度	0.20307
		地表起伏度	0.08128
		年均降水	0.26551
		年均气温	0.06768
		植被覆盖度	0.29284
人类活动因素	0.38	人口密度	0.29896
		人均GDP	0.07193
		废水排放量	0.63611

从表6-18可以看出，从专家判断的角度，闽江源生态环境脆弱性在自然环境因素方面主要受到年均降水量、地形坡度的影响较大。在人类活动因素方面受到人口密度和废水的排放的影响较大。因此，坡度、降雨量和废水排放以及人口密度是闽江源生态环境脆弱性变化的重要驱动因素。其原因可能是闽江源主要是"三江源头"，肩负着福建生态保护的重任，同时闽江源也是福建主要的矿产区域，矿山相对较多，且多山多水，是水土流失和泥石流多发的地区，另外闽江源是福建主要的重工业基地，传统工业多，转型升级的路也比较长。所以，在以后的生态补偿中要加大环境的综合治理，以及加大生态补偿的力度，最大限度地缓解生态污染。

（二）闽江源生态补偿等级的划分

根据式（6-21），结合表6-18的指标中闽江源近5年的平均数据，应用ARCGIS的空间栅格计算功能计算出闽江源生态环境脆弱性指数，根据计算的生态环境脆弱性指数由高到低进行等距重新分为三类，生态环境脆弱性高的区域划分为优先补偿区，生态环境脆弱性中等区域的划分为次优补偿区，生态环境脆弱性低区域划分为一般补偿区。最终划分闽江源生态补偿优先等级空间分布如图6-12所示。

从空间分布来看（见图6-12），闽江源优先补偿区主要分布在沿河流域和武夷山脉和戴云山脉，重点是建宁县、泰宁县、明溪县和将乐西北部的几个县。还有戴云山脉的大田县和尤溪县。在ARCGIS下对划分不同区域的面积进行统计，从图6-13可知，闽江源大多数区域属于主要生态环境保护区域，有41.9%的区域属于优先补偿区，49.5%的区域属于次优补偿区，8.6%的区域属于一般补偿区。这符合福建对闽江源的生态环境保护区域的定位，所以，闽江源的生态环境保护任务艰巨，优先补偿的区域面积较大。

图 6-12 闽江源生态补偿等级划分

注：高程（DEM）来源于中国科学院资源环境科学数据中心。坡度数据根据 DEM 数据在 ARCGIS 下的坡度命令提取生成，气象数据是在中国气象局网站下载，并用 ARCGIS 进行空间插值，三明行政界线用国家地理标准，天地图矢量数据，最后空间计算生成该图。

审图号：明 S（2025）002 号。

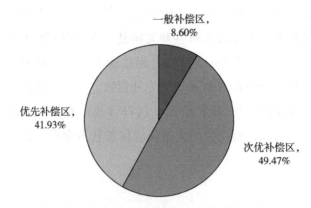

图 6-13 闽江源生态补偿区不同等级面积统计

资料来源：根据课题组计算结果绘制。

　　综上所述，本节通过计算生态脆弱性指数，利用 ARCGIS 对闽江源生态补偿的优先次序进行了空间可视化表达，形成了一套可视化制作的方法，为生态补偿在空间区域界定探索了一套方法。但是，研究中还存在指标选择偏少的问题，在以后的研究中要加入生态保护重要性因素和生态修复的因素，另外还受到数据的限制，这也是在今后的研究中需要进一步完善的地方。

第七章

闽江源生态补偿标准测算

生态价值估算是制定生态补偿标准的重要依据（周晨和李国平，2018）。本章在运用条件价值评估法、生态服务价值评估法和机会成本估算法测算闽江源生态补偿额度的基础上，构建多方法综合评估模型，并估算了闽江源的合理补偿量，试图解决"补多少"的问题。

第一节 基于条件价值评估法的闽江源
生态价值估算

条件价值评估法（Contingent Valua-tion Method，CVM）是当前生态价值评估最重要和应用最广泛的方法之一（刘慧和刘培洁，2020）。本书运用条件价值评估法中的受偿意愿原则，结合实地问卷调查数据，对闽江源农户的受偿意愿进行了测算，为闽江源制定合理、公平的补偿标准提供参考依据。

一、农户对环境保护和生态补偿的认识

闽江源不仅为当地农户提供了发展经济的物质基础，也是世代赖以生

存的环境，农户对闽江源生态环境的认识程度，是决定生态补偿的重要依据。在受访对象中，绝大多数（87.58%）农户对闽江源的周边生态环境变化是比较关心的。在访谈中，很多农户认为保护闽江源的生态环境是很重要的一件事，关系到子孙后代的发展。绝大多数农户非常关心他们生存的环境状况，其中，对周边生态环境破坏非常了解的有45.30%，比较了解的有42.28%，一般了解的有8.05%，不太清楚的有2.01%（见图7-1）。过半的（50.27%）农户对生态补偿还是比较了解，有22.45%的农户非常了解，27.82%的农户较了解，25.51%的农户一般了解，还有9.18%的农户不太清楚（见图7-1）。这表明农户对生态环境保护的认识与生态补偿之间有一定相关性，进一步说明环境保护意识越强，对生态补偿的意愿也就越强。

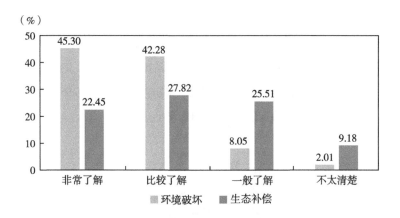

图7-1　农民对环境破坏和生态补偿的了解情况

资料来源：根据课题组调查数据计算结果绘制。

　　绝大多数（87.12%）农户也愿意保护生态环境，并希望政府能够对农户保护生态环境失去的利益及发展机会得以补偿。但在生态补偿实施中，有92.31%的农户希望得到现金补偿，85.21%的农户希望直接补偿到农户手中（见图7-2）。

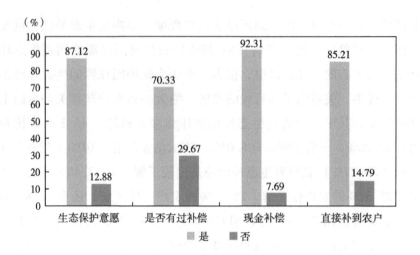

图7-2 农民保护生态及补偿的意愿情况

资料来源：根据课题组调查数据计算结果绘制。

　　在受访农户中，在现有补偿方式调查中，有70.33%的农户有获得过不同类型的生态补偿。农户得到过天然林保护工程（78.9%）、水土保持工程（8.5%）、污水治理工程（8.5%）和防洪工程（4.2%）的补偿（见图7-3），但是补偿费用偏低，补偿范围较小。

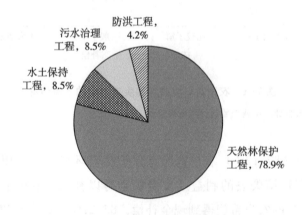

图7-3 现有补偿政策情况

资料来源：根据课题组调查数据计算结果绘制。

在补偿强度意愿上，根据图7-4，有33.33%的农户要求补偿水平达到闽江源上游地区平均水平，31.25%的农户要求补偿水平要达到闽江源中下游地区的平均水平，26.04%的农户要求要满足个人基本生活需要，9.38%的农户要求在保护生态环境中付出的要对等，表明大多数农户对生态补偿有比较深的认识，补偿强度的意愿也比较合理，与自身家庭社会经济状况较吻合。

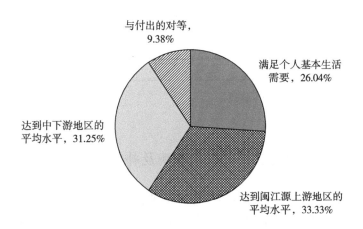

图7-4　农户对生态补偿强度的意愿情况

资料来源：根据课题组调查数据计算结果绘制。

在调查中，我们还设置了农户对非现金补偿意愿的多选题目，调查结果表明（见表7-1），有23.49%（个案为70.47%）的农户希望政府能够在道路、小学校舍、村级卫生站等方面加强基础设施建设，改善交通状况、小孩的上学和医疗环境。有24.50%（个案为73.49%）的农户希望政府能够提供优惠政策扶植当地农户的经济发展。有22.55%（个案为67.65%）的农户希望政府能够安排就业或提供就业指导。有12.68%（个案为38.05%）的农户希望政府能够给予土地补偿。表明农户对非现金生态补偿的认识比较理性，绝大多数农户要求政府能够提供长远发展的平台。

表 7-1 农户对非现金补偿的意愿

补偿方式	频数（人）	占比（%）	个案占比（%）
基础设施建设	70	23.49	70.47
优惠政策	73	24.50	73.49
安排就业或提供就业指导	67	22.55	67.65
土地补偿	38	12.68	38.05
安排搬迁	24	7.99	23.96
优惠贷款	20	6.58	19.73
提供生活资料	4	1.41	4.23
提供生产资料	3	0.94	2.82
合计	298	100.00	300.00

资料来源：根据调研数据计算整理。

二、生态补偿对农户收入的影响及补偿意愿

（一）生态补偿与生态建设对农户家庭经济收入的影响

如图 7-5 所示，调查研究结果表明，大多数农户（65.44%）认为，环境保护行为对家庭的经济收入产生较为严重的负面影响，且有44.3% 的人认为会严重减少他们的收入，仅有 20.8% 的农户认为会增加他们的收入，但认为能够明显促进家庭收入的仅有 15.1%，认为不会影响家庭经济收入的有 13.42%。表明环境保护行为对农户家庭经济收入影响较大，闽江源的保护使部分农户经济损失比较大，这与前文的描述统计结果相一致，因为闽江源大多数农户家庭经济来源是种植业和林业。闽江源的生态建设对当地农户的收入产生了一定的影响，有 35.23% 的农户认为对家庭经济收入的负面影响很大，23.15% 的农户认为对家庭经济收入的负面影响较大。这是因为闽江源的生态建设让部分农户失去了山林，对收入产生了较大的影响。认为闽江源的生态建设没有影响的农户有19.13%，原因是涉及这部分农户的直接经济利益较少，认为闽江源的生态建设对家庭经济收入较大的有 12.75%，能够显著促进家庭收入的仅占

9.73%，可能是闽江源生态建设可以促进生态旅游发展，这部分农户认为可以从事个体经营、旅游等行业增加经济收入。

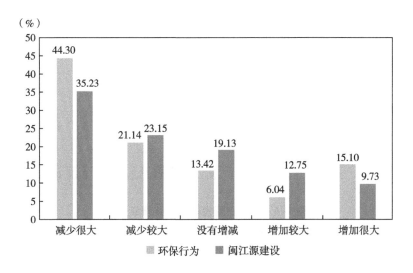

图7-5　环保行为和生态建设与农户家庭经济收入的关系

资料来源：根据课题组调查数据计算结果绘制。

（二）生态补偿标准测算

根据被调查农户生态补偿受偿意愿的投标额，绘制的农户意愿投标额人数频率分布如图7-6所示，从中可以看出，农户的投标额主要分布在500元、1000元、600元、800元、400元、300元中，分别占投标人数的44.30%、10.07%、8.72%、8.05%、6.71%和5.03%，共占总投标人数的82.89%，其余的投标额占17.11%，投标额小于100元的仅占7.05%。

根据农户对生态补偿的受偿意愿的投标额频率分布，计算出闽江源农户保护生态环境受偿意愿的数学期望值如下：

$$E(WTA)_{闽江源} = \sum_{i=1}^{15} P_i T_i = 499.40（元／人·年） \tag{7-1}$$

式中，P_i 为农户选择某一投标额的概率，T_i 为相对应的投标额。根据本公式来估计闽江源生态服务功能价值。根据2010年第六次人口普查数

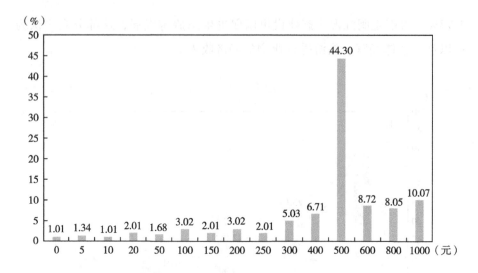

图 7-6　农民意愿投标额人数频率分布

资料来源：根据课题组调查数据计算结果绘制。

据，闽江源人口为 250 万人，其中农村人口 161 万，将农村人口作为全部
参与生态保护的人数来计算。在计算时扣除 1.01% 的受偿意愿为 0 的人
数，闽江源生态服务价值为 $[1.61 \times 10^6 \times (1 - 1.01\%) \times 499.4]/10000 = 80085.68$ 万元。

　　根据式（7-1）分别计算出不同类型家庭保护生态环境受偿意愿的期
望值，计算结果如图 7-7 所示，从中可以看出，养殖业的保护生态环境的
受偿意愿最高，其中畜禽养殖户的受偿意愿为 657 元，水产养殖户的受偿
意愿为 547 元，主要是因为近年环保力度加大，禁止分散养殖，生态保护
对养殖业户的影响最大，此外，种植业户的受偿意愿为 557.1 元，原因是
闽江源大多数是种植户，闽江源生态环境保护对种植户的影响较大，所以
种植户的受偿意愿相对较高。外出务工人的受偿意愿最低，仅为 27 元。
表明对闽江源依赖性越强的家庭类型，对受偿意愿就越高。

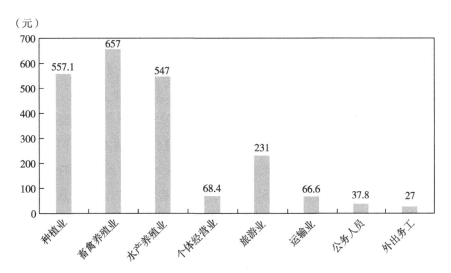

图 7-7　不同类型家庭受偿意愿分布

资料来源：根据课题组调查数据计算结果绘制。

三、影响农户受偿意愿的因素

将农户对生态补偿的受偿意愿的投标额与受访者个人社会经济变量进行分析，是检验 CVM 有效性和可靠性的方法，也是 CVM 研究的关键之一。本书以农户对生态补偿的受偿意愿的投标额受偿意愿值为因变量，以受访者农户的社会经济及农户对环境保护的认识为解释变量，构建的多元回归模型如下：

$$y=\beta_0+\beta_1 X_1+\beta_2 X_2+\beta_3 X_3+\beta_4 X_4+\beta_5 X_5+\beta_6 X_6+\beta_7 X_7+\beta_8 X_8+\beta_9 X_9+\beta_{10} X_{10}+\mu$$

$$(7-2)$$

式中，y 为农户受偿意愿的投标额，β_0 为常数，β_1 到 β_{10} 分别为回归方程的回归系数，μ 为随机误差。

用统计分析软件 Stata15.0 对农户受偿意愿与农户社会经济信息进行多元回归分析（见表 7-2），回归结果表明，回归模型相关解释变量的相关系数较高（$R^2=0.848$），检验结果著性（$P=0.000<0.05$），表明多元回归模型的拟合效果较好，社会经济信息的相关变量可以很好地解释农户的

受偿意愿。户主的文化程度对受偿意愿有显著的正向相关（P=0.002<
0.05），表明文化程度越高受偿意愿就越高，这可能是文化程度越高的人
环境保护的意识强，对环境保护的重要性和政策的把握较强，所以受偿的
意愿较高。家庭年收入与受偿意愿之间存在显著的正向相关（P=0.000<
0.05），表明家庭收入越高受偿意愿就越高，这与CVM方法的经典假设农
户的受偿意愿不受家庭收入的影响不符合，导致这种结果的原因可能是闽
江源绝大多数农户主要从事种植业，经济主要收入对闽江源的依赖性较
强，林业经济对他们经济收入影响较大。家庭耕地面积与受偿意愿之间存
在显著的负相关（P=0.033<0.05），表明家庭耕地面积越多的农户受偿意
愿就越少，家庭耕地面积越少的农户受偿意愿就越高，因为在闽江源基本
生产特征是林地和耕地，也是当地农户最主要最根本的生产基础，耕地较
少的农户对闽江源的依赖性越强，主要从事林业生产。农户对生态环境保
护重要性的认识与受偿意愿有显著的正相关（P=0.003<0.05），表明农户
对生态环境保护的认识越全面，对生态补偿的了解越多，受偿意愿越高。
农户家住地到闽江源的距离与受偿意愿呈显著正相关（P=0.042<
0.05），表明家住地距闽江源越近，受偿意愿越高。户主年龄受偿意愿之
间的负相关并不显著，表明年龄对受偿意愿没有显著的影响，随着年龄的
增长补偿意愿偏低，可能是环境保护对家庭的影响意识不足造成的。家庭
类型对受偿意愿没有显著的影响，可能大多数农户类型是种植户，本身差
异性不大。性别对受偿意愿没有显著影响。家庭人口数对受偿意愿没有显
著影响，可能是绝大多数家庭都是4~5口人。

表7-2   农户社会经济信息对受偿意愿的回归分析

参数	系数	T值	Sig.
常数	18.762	0.130	0.893
户主性别	25.076	0.740	0.461
户主年龄	-1.272	-0.620	0.538
文化程度	59.328	3.190	0.002

续表

参数	系数	T 值	Sig.
家庭类型			
畜禽养殖户	29.436	0.320	0.749
水产养殖户	−3.831	−0.030	0.976
个体户	23.356	0.430	0.672
旅游	−104.635	−1.180	0.240
运输	115.519	2.000	0.049
公职人员	45.333	0.600	0.547
外出打工	−64.627	−0.830	0.410
家庭人口	−5.187	−0.450	0.655
离闽江源的距离	29.760	1.710	0.042
家庭年收入	0.014	16.030	0.000
耕地面积	−10.698	−2.170	0.033
身边环境破坏	17.637	0.890	0.376
环保的重要性	48.236	3.060	0.003

资料来源：根据回归结果整理。

　　本书对闽江源农户进行调查研究，研究结果表明：一是绝大多数农户非常关心他们生存的环境状况，非常关注周边生态环境的变化和闽江源的生态建设。农户对生态环境保护的认识与生态补偿之间有相关性，环境保护意识越强，对生态补偿的意愿也越强。二是绝大多数农户也愿意保护生态环境，但是环境保护行为对家庭的经济收入产生较为严重的负面影响，所以希望政府能够对农户保护生态环境失去的利益及发展机会得以补偿，补偿强度的意愿也比较合理，与自身家庭社会经济状况和保护环境的付出较吻合。三是大多数农户对生态补偿有较深的认识，希望能够得到现金补偿，其受偿意愿是 499.4 元/年·人，闽江下游地区每年向闽江源应支付补偿金 80085.68 万元。农户对非现金生态补偿的认识比较理性，绝大多数要求政府能够提供农户长远发展的平台，希望政府能够加大道路、小学校舍、村级卫生站等方面的基础设施建设，能够安排就业或提供就业指导，能够提供优惠政策扶植当地农户的发展。四是受教育水平、家庭收入、家住位置、耕地面积和对生态环境的认识程度是影响农民受偿意愿的主要因素，也是决定农户是否自愿参与环境保护的关键。

第二节　闽江源生态系统服务价值的估算

生态系统服务（Ecological Services）是指通过生态系统的结构、过程与功能直接或间接地得到的生命支持产品和服务，生态系统服务价值评估则是以经济价值量化的方式，为生态系统资产化管理、生态功能区划、生态补偿决策等提供数据支持与依据（Daily，1997）。近几年，深圳，浙江仙居，贵州习水，内蒙古兴安盟、阿尔山和鄂尔多斯，吉林通化，四川甘孜等地进行了生态服务价值核算的探索，福建的厦门和武夷山也分别探索了沿海和山区生态价值核算。本节借鉴前人生态服务价值的评价方法对闽江源生态服务价值进行评估，为制定闽江源生态补偿标准提供了参考。

一、生态服务价值核算方法

生态系统服务是直接或间接源于生态系统功能，由生态系统提供的关系到人类福祉的产品和服务，被认为是人类拥有的关键自然资本。千年生态系统评估机构认为，生态系统和生态系统服务与人类社会福祉关系的研究将成为21世纪生态学研究的核心内容（李广泳等，2016）。当前国内外对生态系统服务核算存在两个派系：一是在美国学者Costanza提出的核算方法上发展起来的当量因子法；二是基于定量测算的功能量核算法。两种方法各有利弊。当量因子法直观易用、数据需求相对较少，适合快速估算。但由于忽略了统一生态系统的空间异质性，即对同一生态系统的服务功能的空间差异化区别不清晰。例如，同为林地，由于受区域小气候、物种差异等影响，其不同空间位置下草地提供的生态服务量存在差异。基于定量测算的生态服务功能相对当量因子法准确，然而操作复杂，对核算人员专业性要求很强，必须请专业人员开展核算，因此有技术局限性。

国外对生态系统服务价值的研究相对比较成熟，所开发的 InVEST、CITYgreen、EVR 等模型被广泛应用到生物多样性保护、资源与环境管理、区域规划、可持续发展和社会福祉效应等多领域。然而，这些模型对我国自然资源条件复杂适应性还有改进的空间。

（一）生态服务评定技术路线

在综合国内外研究基础上，本书提出基于当量因子法的修正模型。即以当量因子法为基础，考虑到植被是生态系统中的主要组分，决定着生态系统的形态和结构。因此，选取反映植被茂盛程度、光合作用、生育期长度等特征指标对不同地区的生态服务强度展开修正，以区分不同地理空间生态系统提供生态服务强度的差异。同时，为了实现生态服务强度空间化表达，引入了地理格网的概念，即将一个区域划分为标准格网，每个标准格网作为生态服务强度或价值核算的粒度单元。通过对不同年份生态服务价值的核算，可以实现对统一粒度单元生态服务价值量变化的监测，同时根据监测变化明显的单元格，在结合土地利用、气候等数据，进行分析其变化的驱动力。具体核算的技术路线图如图 7-8 所示。

（二）生态服务价值评定技术方法

Constaza 等（1997）提出的生态服务价值模型涵盖了全球 16 个生态系统的 17 项服务功能，计算方便简单，但该模型忽略了同一生态系统内生态服务价值的空间异质性，且不利于生态服务价值的空间化表达。国外其他模型虽然可以进行生态服务价值的空间化表达，但其输入数据只适用于栅格格式数据，不利于生态服务价值动态变化监测及其气候变化和人类活动对生态服务功能变化贡献的区分。综合考虑我国国情和生态服务价值核算的基础数据源，本书选用国内通用的当量因子法生态服务价值核算模型，将生态系统服务分为供给服务、调节服务、支持服务和文化服务四大类，并针对生态服务进行细分为 11 种二级类型。标准生态服务价值当量

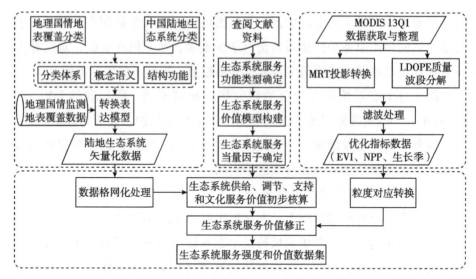

图7-8　基于当量因子法的生态服务评定技术路线

是各生态系统和各生态服务功能在全年的、全国的平均服务价值，各项生态系统服务功能当量因子采用谢高地等研究为基础（谢高地等，2015）。各生态系统服务标准价值当量因子如表7-3所示。

（三）模型优化因子确定

生态系统服务强度除随时间呈现季节、年际动态变化外，由于受降水的空间不确定性、微地形地貌等因素的影响，同类型生态系统内部的不同地理空间位置同项生态服务的强度也存在差异性。植被是连接地球物质、能量交换的纽带，降水、温度、土壤质地等各种自然条件丰沛、优劣等程度都可以通过植被生理特征来进行体现。生态服务供给量是特定区域范围内，生态系统在一定时间内提供的生态系统产品数量和服务的累积量，也与生态系统服务强度和时间有密切的关系。因此，在衡量生态服务供给量的大小时既要考虑有形产品数量，也要考虑无形服务的时间。恰恰植被指数与生态系统的内部结构、功能有关，也能够反映其水文和土壤碳库等。也有学者利用归一化植被指数（NDVI）、净初级生产力（NPP）等表达植被特征的参数来修正对生态系统生态服务价值的估算，却忽略了植被提供有效生态服务在时间维度上的差异。植被物候是植被对气候变化响应最直观、敏感的表征之一，最终

表7-3　生态系统服务标准价值当量因子

生态系统分类		供给服务			调节服务					支持服务		文化服务
一级分类	二级分类	食物生产	原料生产	水资源供给	气体调节	气候调节	净化环境	水文调节	土壤保持	维持养分循环	生物多样性	美学景观
农田	旱地	0.85	0.4	0.02	0.67	0.36	0.1	0.27	1.03	0.12	0.13	0.06
	水田	1.36	0.09	-2.63	1.11	0.57	0.17	2.72	0.01	0.19	0.21	0.09
森林	有林地	0.29	0.66	0.34	2.17	6.5	1.93	4.74	2.65	0.2	2.41	1.06
	灌木林	0.19	0.43	0.22	1.41	4.23	1.28	3.35	1.72	0.13	1.57	0.69
	疏林地	0.22	0.52	0.27	1.7	5.07	1.49	3.51	2.86	0.22	2.6	1.14
	其他林	0.19	0.43	0.22	1.41	4.23	1.28	3.35	1.72	0.13	1.57	0.69
草地	高覆盖草地	0.38	0.56	0.31	1.97	5.21	1.72	3.82	2.4	0.18	2.18	0.96
	中覆盖草地	0.22	0.33	0.18	1.14	3.02	1	2.21	1.39	0.11	1.27	0.56
	低覆盖草地	0.1	0.14	0.08	0.51	1.34	0.44	0.98	0.62	0.05	0.56	0.25
水域	河流	0.8	0.23	8.29	0.77	2.29	5.55	102.24	0.93	0.07	2.55	1.89
	湖泊	0.8	0.23	8.29	0.77	2.29	5.55	102.24	1	0.07	2.55	1.89
	水库坑塘	0.8	0.23	8.29	0.77	2.29	5.55	102.24	1	0.07	2.55	1.89
	滩地	0.51	0.5	2.59	1.9	3.6	3.6	24.23	2.31	0.18	7.87	4.73
未利用土地	裸土地	0	0	0	0.02	0	0.1	0.03	0.02	0	0.02	0.01
	裸岩石质地	0	0	0	0.01	0	0.1	0.01	0	0	0.01	0.03

资料来源：参考谢高地等（2015）的研究成果。

间接影响生态服务的供给量，同时还直接决定植被生态系统提供气候调节、文化娱乐的时间长度，影响植被生态系统提供调节、文化服务供给量。一般来讲，生态系统提供服务的能力取决于覆盖区域（其幅员）和状况（其质量）。不同地理空间位置的同类生态系统，由于所处的气候、土壤、人类活动干扰等因素会直接影响生态服务供给量。另外，植被是生态系统的主体，部分生态服务功能，如调节气候、文化景观等功能与植被光合作用时间密切关联，因此针对这些具体服务功能特征，科学的选取指标对生态服务的空间异质性进行差异化区分。各项生态服务功能选用的优化指标如表7-4所示。

表7-4　生态服务功能优化指标

生态系统一级类型	服务功能类型	调整方式
农田、森林、草地	供给服务	NPP
	调节服务	EVI、生长季
	支持服务	EVI
	文化服务	生长季

（四）生态服务价值核算模型构建

为了实现生态服务价值的空间化表达，数据集生产采用地理格网法，将矢量数据进行地理格网化，每个格网单元作为区域生态服务价值统计的内部组成细胞单元。将每个格网内各覆盖类型的逐项生态系统服务价值进行核算，核算值累计即为该格网内所有覆盖类型提供的生态服务价值。分别以2005年、2010年、2015年和2020年1千米×1千米格网的基本单元为例，核算方法如下：

$$ESV_i = ESV_{标准当量} \times \sum_{a=1}^{4} ESV_{ai} \tag{7-3}$$

$$ESV_{ai} = \sum_{j=1}^{6} A_{ij} \times V_{aij} \tag{7-4}$$

式中，ESV_i 为第 i 格网内各类生态服务价值总量（$i=1, 2, \cdots, n$）；ESV_{ai} 为第 i 格网内的所有覆盖类型 a 项生态服务功能的生态服务价值当量总量（$a=1, 2, 3, 4$）；A_{ij} 为第 i 格网内 j 类覆盖类型图斑面积（$j=1, 2, 3, 4, 5, 6$）；V_{aij} 为第 i 格网内 j 类覆盖类某图斑 a 项生态服务功能的生态服务价值当量。

在传统生态服务价值统计模型的基础上，考虑到生态系统质量和年内提供有效生态服务的时间在地理空间的差异，将前文选取的 *EVI*、*NPP* 和生长季三个指标融入到模型中，构建生态系统服务价值核算优化模型，各生态系统服务功能当量的修正模型如下：

供给服务当量修正方法：

$$V_{aig} = V_n \times \frac{NPP_i}{NPP_t} \tag{7-5}$$

调节服务当量修正方法：

$$V_{ait} = V_n \times \frac{GS_i}{GS_t} \times \frac{EVI_i}{EVI_m} \tag{7-6}$$

支持服务当量修正方法：

$$V_{aiz} = V_n \times \frac{EVI_i}{EVI_t} \tag{7-7}$$

文化服务当量修正方法：

$$V_{aiw} = V_n \times \frac{GS_i}{GS_t} \tag{7-8}$$

式中，V_{aig}、V_{ait}、V_{aiz}、V_{aiw} 分别为校正后 i 格网单元内供给、调节、支持、文化生态服务价值当量值；NPP_i 为第 i 格网内的特定覆盖类型（农田、森林或草地）的 NPP；NPP_t 为全国特定覆盖类型的生态系统的基年平均 NPP；EVI_i 为第 i 格网内的特定覆盖类型（耕地、森林或草地）的 EVI；EVI_t 为全国特定覆盖类型的生态系统的平均 EVI；GS_i 为第 i 格网内的特定覆盖类型（农田、森林或草地）的生长季；GS_t 为全国特定覆盖类型的生态系统的平均生长季。针对核算的格网内修正后的生态系统服务当量，选取全国尺度下最大值、最小值进行标准化。

二、闽江源生态系统服务价值评估结果

（一）闽江源土地利用变化

根据中国科学院资源环境科学数据中心土地利用的栅格数据，闽江源

土地利用部分发生变化。闽江源 2005~2020 年土地利用空间分布变化如图
7-9 所示，据此计算出闽江源 2005~2020 年的不同土地的使用面积，如表
7-6 所示。

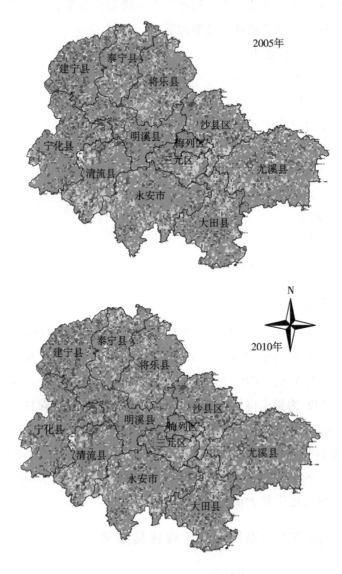

图 7-9　2005~2020 年闽江源土地利用空间分布变化

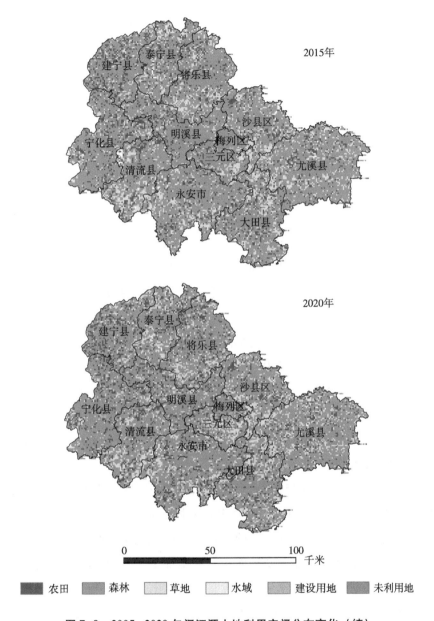

图 7-9　2005～2020 年闽江源土地利用空间分布变化（续）

注：中国科学院资源环境科学数据中心，用三明市的界线图切割。梅列区和三元区于 2021 年合并，2021 年的行政界限保持原来，数据按新三元区分析。

审图号：明 S（2025）002 号。

由表 7-6 可知，与 2005 年相比，2010 年闽江源农田面积总共减少了2300 公顷，其中旱田面积减少了 1600 公顷，水田面积减少了 700 公顷。森林面积总共减少 2600 公顷，其中，林地面积减少 20400 公顷，灌木林面积减少 600 公顷，疏林地面积减少 2200 公顷，其他林面积增加了 20600公顷。草地面积总共增加 300 公顷，其中高覆盖草地面积减少 500 公顷，而中覆盖草地面积增加 800 公顷。湖泊面积增加 200 公顷。2015年，闽江源农田总面积共减少 4100 公顷，其中旱田面积减少了 3000 公顷，水田面积减少了 1000 公顷。森林面积总共减少 3200 公顷，其中，林地面积减少 20900 公顷，灌木林面积减少 600 公顷，疏林地面积减少 2300公顷，其他林面积增加了 20600 公顷。草地面积总共增加了 400 公顷，其中高覆盖草地面积减少 400 公顷，而中覆盖草地面积增加 800 公顷。湖泊面积增加 200 公顷。2020 年，闽江源农田面积共增加了 1200 公顷，其中，旱田面积减少了 5700 公顷，而水田面积增加了 6900 公顷。森林面积总共减少 26000 公顷，其中，有林地面积减少 62100 公顷，灌木林面积没有减少，疏林地面积增加 3200 公顷，其他林面积增加了 32900 公顷。草地总共增加 5700 公顷，其中高覆盖草地面积增加 5900 公顷，中覆盖草地面积增加 800 公顷，地覆盖草地面积减少 1000 公顷。河流面积减少了 700公顷，湖泊面积增加 400 公顷，水库坑塘面积增加了 2000 公顷，滩地面积增加了 400 公顷。

与 2010 年相比，2015 年闽江源农田面积减少 1800 公顷，其中旱地面积减少 1400 公顷，水田面积减少 400 公顷。森林面积总共减少 600 公顷，其中，林地面积减少 500 公顷，疏林地面积减少 100 公顷，灌木林和其他林面积没有发生变化。草地面积总共增加 100 公顷，其中高覆盖草地面积增加 100 公顷，其他草地面积没有发生变化。2020 年，耕地面积共增加了 3500 公顷，其中，旱田面积减少了 4100 公顷，而水田面积增加了6000 公顷。森林面积总共减少 23400 公顷，其中，林地面积减少 41700 公顷，灌木林面积增加了 600 公顷，疏林地面积增加了 5400 公顷，其他林面积增加了 12300 公顷。草地面积总共增加 5400 公顷，其中高覆盖草地面积增加 6400 公顷，中覆盖草地面积没有变化，低覆盖草地面积减少1000 公顷。河流面积减少了 700 公顷，湖泊面积增加 200 公顷，水库坑塘面积增加了 2000 公顷，滩地面积增加了 400 公顷。

　　与 2015 年相比，2020 年闽江源农田面积增加 5300 公顷，其中旱地面积减少 2700 公顷，水地面积增加 8000 公顷。森林面积总共减少 22800 公顷，其中，林地面积减少 41200 公顷，灌木林面积增加了 600 公顷，疏林地面积增加了 5500 公顷，其他林面积增加了 12300 公顷。草地面积总共增加 5300 公顷，其中高覆盖草地面积增加 6300 公顷，中覆盖草地面积没有变化，地覆盖草地面积减少 1000 公顷。河流面积减少了 700 公顷，湖泊面积增加 200 公顷，水库坑塘面积增加了 2000 公顷，滩地面积增加了400 公顷。

　　总的来看，2005~2020 年，闽江源土地利用在不同阶段发生不同的变化，截至 2020 年，农田的总面积净增加 2123 公顷（见表 7-6），农田总面积主要由林地（59.93%）、草地（10.97%）和建设用地（1.79%）转化而来，也有部分农田转化为林地、草地和建设用地。其重要原因是福建省实施耕地面积增减挂钩的政策，将沿海的建设用地占用耕地面积，由山区县开垦耕地面积达到耕地面积占补平衡，因此，闽江源通过林地、草地以及老旧宅基地复垦等措施，促进了农田面积的增加，尤其是 2015 年后这项政策执行力度加大，闽江源的农田面积明显增加。闽江源的林业面积总体在减少，其主要原因是林地转化为农田、草地和建设用地。其中，转化为农田的占林地总面积的 9.3%，转化为草地的占林地总面积的11%，转化为建设用地的占林地总面积的 0.9%。但是到 2020 年其他林地面积明显增加（见表 7-5 和表 7-6），其原因是闽江源造林力度不断加大，同时各种经济林种植面积也在不断加大，所以其他林地面积明显增加。草地面积明显增加，尤其是在 2015 年后增加明显，其主要由林地、农田和河流转化而来，其中一个原因可能是加强流域环境在治理和山水林田湖草沙的系统治理，使沿河两岸的草地面积明显增加，另一个原因可能是建宁等地大力发展畜牧业，复垦部分林地增加饲草种植面积，促进了草地面积的增加。湿地面积在 2015 年后也明显增加，其原因可能是福建加大了流域生态环境保护与治理的力度，注重水库等生态功能的恢复，着力保护湿地，尤其是将林地和农田转化其使用功能，建设成湿地公园，所以 2020 年水库坑塘、滩涂等湿地的面积明显增加。

表 7-5　2005 年和 2020 年闽江源土地使用转移矩阵

单位：平方千米

2005 年	2020 年							
	农田	林地	草地	河流	湿地	建设用地	未利用地	总计
农田	692.57	1456.55	337.22	14.95	9.43	69.04	1.16	2580.91
林地	1559.39	13103.42	1841.21	57.08	23.63	153.30	3.47	16741.50
草地	285.42	1818.41	1048.48	6.30	3.76	42.66	0.70	3205.73
河流	13.65	59.38	9.23	11.46	1.65	6.32	0.00	101.70
湿地	3.41	8.97	1.72	0.75	1.96	0.00	0.00	16.81
建设用地	46.67	78.68	24.46	3.11	2.48	50.65	0.00	206.05
未利用地	1.04	2.13	1.13	0.00	0.00	0.08	0.67	5.05
总计	2602.14	16527.53	3263.45	93.66	42.90	322.06	6.00	22857.75

资料来源：数据从土地利用遥感数据提取后计算。

（二）闽江源生态系统服务价值测算

本部分利用中国科学院资源环境科学数据中心土地利用的栅格数据，在 ARCGIS 下裁剪出闽江源 1 千米的土地利用栅格数据，并用修正的当量因子法，分别对闽江源 2005 年、2010 年、2015 年及 2020 年的生态系统服务价值进行核算，计算结果如表 7-7 所示。

根据闽江源生态服务价值评估结果可知（见表 7-7），闽江源 2005 年生态服务价值为 14871284.01 万元，其中，供给服务价值为 864478.90 万元，调节服务价值为 9899170.47 万元，支持服务价值为 3424240.49 万元，文化服务价值为 683394.15 万元。2010 年生态服务价值为 14806023.69 万元，其中，供给服务价值为 860691.09 万元，调节服务价值为 9859264.75 万元，支持服务价值为 3406129.09 万元，文化服务价值

表 7-6　2005~2020 年闽江源土地利用变化

单位：公顷

年份	农田		林地				草地			水域				未利用土地	
	旱地	水田	有林地	灌木林	疏林地	其他林	高覆盖草地	中覆盖草地	低覆盖草地	河流	湖泊	水库坑塘	滩地	裸土地	裸岩石质地
2005	185500	112000	1234300	91600	243200	41800	215200	114600	36800	11400	0	1200	800	200	400
2010	183900	111300	1213900	91000	241000	62400	214700	115400	36800	11400	200	1200	800	200	400
2015	182500	110900	1213400	91000	240900	62400	214800	115400	36800	11400	200	1200	800	200	400
2020	179800	118900	1172200	91600	246400	74700	221100	115400	35800	10700	400	3200	1200	200	400
2005~2010	-1600	-700	-20400	-600	-2200	20600	-500	800	0	0	200	0	0	0	0
2005~2015	-3000	-1100	-20900	-600	-2300	20600	-400	800	0	0	200	0	0	0	0
2005~2020	-5700	6900	-62100	0	3200	32900	5900	800	-1000	-700	400	2000	400	0	0
2010~2015	-1400	-400	-500	0	-100	0	100	0	0	0	0	0	0	0	0
2010~2020	-4100	7600	-41700	600	5400	12300	6400	0	-1000	-700	200	2000	400	0	0
2015~2020	-2700	8000	-41200	600	5500	12300	6300	0	-1000	-700	200	2000	400	0	0

资料来源：数据从土地利用遥感数据提取后计算。

为 679938.76 万元。2015 年生态服务价值为 14799676.27 万元,其中,供给服务价值为 860034.75 万元,调节服务价值为 9855394.52 万元,支持服务价值为 3404535.76 万元,文化服务价值为 679711.24 万元。2020 年生态服务价值为 14699963.92 万元,其中,供给服务价值为 850957.42 万元,调节服务价值为 9805824.61 万元,支持服务价值为 3369403.21 万元,文化服务价值为 673778.67 万元。

表 7-7　2005～2020 年闽江源生态服务价值评估结果　单位:万元

年份	供给服务	调节服务	支持服务	文化服务	合计
2005	864478.90	9899170.47	3424240.49	683394.15	14871284.01
2010	860691.09	9859264.75	3406129.09	679938.76	14806023.69
2015	860034.75	9855394.52	3404535.76	679711.24	14799676.27
2020	850957.42	9805824.61	3369403.21	673778.67	14699963.92
平均值	859040.54	9854913.59	3401077.14	679205.70	14794236.97

资料来源:根据课题组测算。

从时间动态来看(见表 7-7),2005～2020 年,闽江源生态服务价值有轻微的下降。生态系统服务价值从 2005 年的 14871284.01 万元下降到 2020 年的 14699963.92 万元,15 年下降了 171320.1 万元,年均下降 0.08%。其中,生态系统服务价值从 2005 年的 14871284.01 万元下降到 2010 年的 14806023.69 万元,5 年下降了 65260.32 万元,年均下降 0.09%,生态系统服务价值从 2010 年的 14806023.69 万元下降到 2015 年的 14799676.27 万元,5 年下降了 6347.42 万元;生态系统服务价值从 2015 年的 14799676.27 万元下降到 2020 年的 14699963.92 万元,5 年下降了 99712.35 万元,年均下降 0.14%。这证明在最近的 5 年闽江源生态系统服务价值下降幅度在不断增加,故要加大生态环境保护的力度,综合实施生态补偿制度。

从空间动态来看(见表 7-8),闽江源各县(市、区)生态服务价值也存在着差异,15 年的变动趋势也不尽相同,但每个市县区四年生态系统服务价值的变化不大。三元区、沙县区、大田县、尤溪县、泰宁县和建宁县生态系统服务价值呈现先降后升的态势，永安市、明溪县、宁化县、将乐县生态系统服务价值呈现缓慢下降态势，清流县生态系统服务价值呈现波动平缓下降趋势。生态系统服务价值由高到低依次为尤溪县（2238427.71万元）>永安市（1856998.29万元）>宁化县（1486987.90万元）>将乐县（1476188.84万元）>大田县（1342080.49万元）>清流县（1235315.24万元）>沙县区（1150355.55万元）>明溪县（1108749.39万元）>泰宁县（1003272.30万元）>建宁县（982785.80）>三元区（727591.25万元）。

表 7-8　2005~2020 年闽江源各市县区生态系统价值评估结果

单位：万元

县（市、区）	2005 年	2010 年	2015 年	2020 年	平均值	单位价值
三元区	758360.89	714232.07	714232.07	723539.99	727591.25	909.43
沙县区	1157815.54	1142128.19	1141991.61	1159486.87	1150355.55	639.46
永安市	1896252.69	1855497.52	1854586.41	1821656.53	1856998.29	633.45
明溪县	1123031.09	1112227.94	1112227.94	1087510.60	1108749.39	640.70
清流县	1259870.54	1260192.07	1259923.00	1161275.36	1235315.24	683.94
宁化县	1501121.27	1487202.31	1486147.47	1473480.56	1486987.90	617.73
大田县	1349680.63	1336828.77	1335349.89	1346462.64	1342080.49	601.02
尤溪县	2232334.98	2218403.41	2216840.06	2286132.40	2238427.71	654.15
将乐县	1484676.76	1474606.58	1473946.16	1471525.86	1476188.84	658.71
泰宁县	1023883.79	995020.67	995020.67	999164.06	1003272.30	656.29
建宁县	982721.60	977500.54	977227.38	993693.69	982785.80	572.58

注：单位价值指每平方千米生态系统服务价值的万元数。

资料来源：根据课题组测算。

从单位价值来看（见表 7-8），三元区生态系统的服务价值为 909.43 万元/平方千米，沙县区生态系统的服务价值为 639.46 万元/平方千米，永安市生态系统的服务价值为 633.45 万元/平方千米，明溪县生态系

统的服务价值为 640.70 万元/平方千米,清流县生态系统的服务价值为
683.94 万元/平方千米,宁化县生态系统的服务价值为 617.73 万元/平方
千米,大田县生态系统的服务价值为 601.02 万元/平方千米,尤溪县生态
系统的服务价值为 654.15 万元/平方千米,将乐县生态系统的服务价值为
658.71 万元/平方千米,泰宁县生态系统的服务价值为 656.29 万元/平方
千米,建宁县生态系统的服务价值为 572.58 万元/平方千米。

(三) 闽江源不同生态系统类型服务价值的测算

闽江源不同的生态系统服务类型生态系统服务价值差异较大。四年的
平均生态系统服务价值为 14794236.97 万元 (见表 7-9)。其中,供给服
务的平均价值为 859040.54 万元,占生态系统服务价值的 6%,调节服务
的平均价值为 9854913.59 万元,占生态系统服务价值的 67%,支持服务
的平均价值为 3401077.14 万元,占生态系统服务价值的 23%,文化服务
的平均价值为 679205.70 万元,占生态系统服务价值的 4%。

表 7-9　2005~2020 年闽江源不同类型生态系统价值评估结果

单位:万元

土地利用类型	供给服务	调节服务	支持服务	文化服务	合计
农田	33600.28	263543.25	95567.85	7210.59	399921.96
森林	657892.49	7817945.24	2811494.45	566232.43	11853564.61
草地	124780.34	1267640.48	474919.87	95858.97	1963199.67
河流	35632.55	423805.60	13572.48	7225.91	480236.55
湿地	7134.89	81952.45	5518.40	2673.03	97278.77
未利用土地	0.00	26.57	4.09	4.77	35.42
合计	859040.54	9854913.59	3401077.14	679205.70	14794236.97

注:不同类型生态系统服务价值为四年的均值。

资料来源:根据课题组测算。

闽江源调节服务提供的生态系统系统服务价值量最大,文化服务价值
量最低。闽江源各生态系统服务价值由高到低依次呈现调节服务>支持服

务>供给服务>文化服务，依次占闽江源生态系统服务价值的67%、23%、6%和4%（见图7-10），说明闽江源生态系统主要是提供调节服务和支持服务，供给服务和文化服务占比较低，也进一步佐证闽江源是福建省重要的水源涵养地和生态保护地，因此要加大生态环境保护的力度和投资。

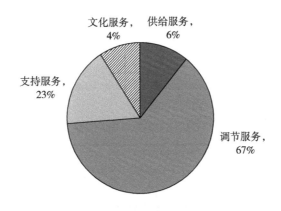

图7-10　闽江源不同生态系统的服务价值占比

资料来源：根据课题组调查数据计算结果绘制。

从生态系统服务价值的结构来看（见图7-11），不同生态系统类型生态服务价值有所不同，但所有的生态生态系统中调节服务的价值占比最大，占比均超过60%，文化支持服务的占比最小，占比均在15%以内。其中，农田生态系统中调节服务价值占农田生态服务价值的65.9%，林地生态系统中调节服务价值占林地生态服务价值的65.95%，草地生态系统中调节服务价值占草地生态服务价值的64.57%，河流生态系统中调节服务价值占河流生态系统的88.25%，湿地生态系统中调节服务价值占湿地生态服务价值的84.24%。各类生态系统主要价值是调节服务和支持服务，这两项服务价值超过80%。

从表7-9可以看出，2005~2020年，闽江源农田生态系统平均生态服务价值为399921.96万元，占生态系统服务总价值的2.7%。林地生态系统平均生态服务价值为11853564.61万元，占生态系统服务总价值的80.12%。

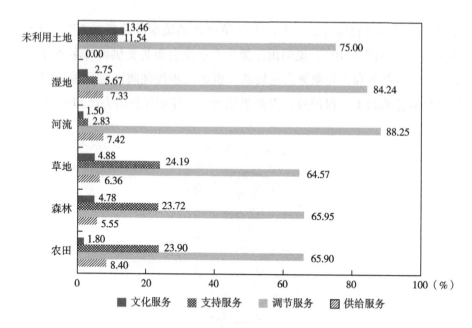

图 7-11 2005~2020 年闽江源不同生态系统不同服务价值的占比

资料来源：根据课题组调查数据计算结果绘制。

草地生态系统平均生态服务价值为 1963199.67 万元，占生态系统服务总价值的 13.27%。河流生态系统平均生态服务价值为 480236.55 万元，占生态系统服务总价值的 3.25%。湿地生态系统平均生态服务价值为 97278.77 万元，占生态系统服务总价值的 0.66%。未利用土地生态系统平均生态服务价值为 35.42 万元，占生态系统服务总价值的比重极少。这表明闽江源生态系统服务价值主要贡献者是林地，高达 80% 以上，林地主要起到涵养水源，调节气候，保持水土流失等生态功能。闽江源森林覆盖面积广，覆盖率达到 76.8%，是福建重要的保护区域，进一步证明要加大生态补偿资金的转移，加强生态环境的保护。

1. 农田生态系统服务价值分析

从表 7-10 可以看出，2005~2020 年，闽江源农田生态系统的生态服务价值为 399921.96 万元，其中，供给服务的价值为 33600.28 万元，占农田生态系统服务价值的 8.4%，调节服务的价值为 263543.25 万元，占农田生态系统服务价值的 65.9%，支持服务的价值为 95567.85 万元，占农田生态系统服务价值的 23.9%，文化服务的价值为 7210.59 万元，占农田生态系统服务价值的 1.8%。从时间动态来看，2005~2020 年，闽江源农田生态系统服务价值呈现微弱的先降低再增加的趋势，但总体变化不大。其中，农田供给服务呈现下降趋势，从 2005 年的 35226.56 万元下降到 2020 年的 29987.79 万元，15 年净降低了 5238.77 万元，年均降低 1.07%。农田调节服务呈现先下降后上升的趋势，从 2005 年的 262786.52 万元增加到 2020 年的 270808.68 万元，15 年净增加了 8022.15 万元，年均增长 0.2%。农田支持服务呈现下降趋势，从 2005 年的 96512.42 万元下降到 2020 年的 94990.96 万元，15 年净降低了 1521.46 万元，年均降低 0.11%。农田文化服务呈现先下降后上升的趋势，从 2005 年的 7224.13 万元增加到 2020 年的 7319.15 万元，15 年净增加了 1356.95 万元，年均增长 0.023%。

表 7-10　2005~2020 年闽江源农田生态系统服务价值估算

单位：万元

年份	供给服务	调节服务	支持服务	文化服务	合计
2005	35226.56	262786.52	96512.42	7224.13	401749.62
2010	34815.79	260934.00	95717.12	7169.97	398636.88
2015	34370.97	259643.81	95050.90	7129.10	396194.78
2020	29987.79	270808.68	94990.96	7319.15	403106.57
平均值	33600.28	263543.25	95567.85	7210.59	399921.96

资料来源：根据课题组测算。

2. 林地生态系统生态服务价值分析

从表 7-11 可以看出，2005~2020 年，闽江源林地生态系统的生态服务价值为 11853564.61 万元，其中，供给服务的价值为 657892.49 万元，占林地生态系统服务价值的 5.55%，调节服务的价值为 7817945.24 万元，占林地生态系统服务价值的 65.95%，支持服务的价值为

2811494.45 万元，占林地生态系统服务价值的 23.72%，文化服务的价值为 566232.43 万元，占林地生态系统服务价值的 4.78%。从时间动态来看，2005~2020 年，闽江源林地生态系统服务价值呈现缓慢的下降趋势，但总体变化不大。其中，林地供给服务呈现下降趋势，从 2005 年的664147.86 万元下降到 2020 年的 647376.38 万元，15 年净降低了16771.48 万元，年均降低 0.17%。林地调节服务呈现下降趋势，从 2005年的 7890558.95 万元降低到 2020 年的 7694009.93 万元，15 年净减少了196549.02 万元，年均降低 0.17%。林地支持服务呈现下降趋势，从 2005年的 2837205.49 万元下降到 2020 年的 2770464.24 万元，15 年净降低了66741.25 万元，年均降低 0.16%。林地文化服务也呈现下降趋势，从2005 年的 571408.27 万元降低到 2020 年的 557962.41 万元，15 年净减少了 13445.87 万元，年均增长 0.16%。

表 7-11　2005~2020 年闽江源林地生态系统服务价值估算

单位：万元

年份	供给服务	调节服务	支持服务	文化服务	合计
2005	664147.86	7890558.95	2837205.49	571408.27	11963320.57
2010	660149.90	7845112.69	2819698.65	567889.19	11892850.43
2015	659895.81	7842099.40	2818609.41	567669.85	11888274.47
2020	647376.38	7694009.93	2770464.24	557962.41	11669812.95
平均值	657892.49	7817945.24	2811494.45	566232.43	11853564.61

资料来源：根据课题组测算。

3. 草地生态系统生态服务价值分析

从表 7-12 可以看出，2005~2020 年，闽江源草地生态系统的生态服务价值为 1963199.67 万元，其中，供给服务的价值为 124780.34 万元，占草地生态系统服务价值的 6.36%，调节服务的价值为 1267640.48万元，占草地生态系统服务价值的 65.54%，支持服务的价值为 474919.87万元，占草地生态系统服务价值的 24.19%，文化服务的价值为 95858.97

万元，占草地生态系统服务价值的 4.88%。从时间动态来看，2005~2020
年，闽江源草地生态系统服务价值呈现先平稳后增加的趋势，但总体呈现
微弱增长趋势。其中，草地供给服务呈现先平稳后增加的趋势，从 2005
年的 124126.22 万元增长到 2020 年的 126728.06 万元，15 年净增长了
2601.84 万元，年均增长 0.14%。草地调节服务呈现轻微的先下降后上升
趋势，从 2005 年的 1260997.25 万元增加到 2020 年的 1287453.01 万
元，15 年净增加了 26455.76 万元，年均增长 0.14%。草地支持服务先平
稳后增加的趋势，从 2005 年的 472431.95 万元增长到 2020 年的
482333.20 万元，15 年净增加了 9901.24 万元，年均降低 0.14%。草地文
化服务呈现先下降后上升的趋势，从 2005 年的 95357.10 万元增加到 2020
年的 97353.70 万元，15 年净增加了 1996.6 万元，年均增长 0.14%。

表 7-12　2005~2020 年闽江源草地生态系统服务价值估算

单位：万元

年份	供给服务	调节服务	支持服务	文化服务	合计
2005	124126.22	1260997.25	472431.95	95357.10	1952912.53
2010	124112.26	1260839.21	472376.10	95346.20	1952673.76
2015	124154.83	1261272.45	472538.22	95378.90	1953344.41
2020	126728.06	1287453.01	482333.20	97353.70	1993867.97
平均值	124780.34	1267640.48	474919.87	95858.97	1963199.67

资料来源：根据课题组测算。

4. 河流生态系统生态服务价值分析

从表 7-13 可以看出，2005~2020 年，闽江源河流生态系统的生态服
务价值为 480236.55 万元，其中，供给服务的价值为 35632.55 万元，占
河流生态系统服务价值的 7.42%，调节服务的价值为 423805.60 万元，占
河流生态系统服务价值的 88.25%，支持服务的价值为 13572.48 万元，占
河流生态系统服务价值的 2.83%，文化服务的价值为 7225.91 万元，占河
流生态系统服务价值的 1.5%。从时间动态来看，2005~2020 年，闽江源

河流生态系统服务价值呈现先平稳再降低的态势。此期间没有发生变化，其生态服务价值为487723.53万元，到2020年突然下降到457775.60万元，15年年均降低0.42%，近5年年均降低1.26%。河流的供给服务、调节服务、支持服务和文化服务价值在此期间未发生变化，其生态服务价值分别为36188.07万元、430412.81万元、13784.08万元和7338.57万元，到2020年分别减少到33965.99万元、403983.96万元、12937.69万元和6887.95万元，分别净减少2222.07万元、26428.86万元、846.39万元和450.61万元，近5年年均下降1.26%。

表 7-13　2005~2020 年闽江源河流生态系统服务价值估算

单位：万元

年份	供给服务	调节服务	支持服务	文化服务	合计
2005	36188.07	430412.81	13784.08	7338.57	487723.53
2010	36188.07	430412.81	13784.08	7338.57	487723.53
2015	36188.07	430412.81	13784.08	7338.57	487723.53
2020	33965.99	403983.96	12937.69	6887.95	457775.60
平均值	35632.55	423805.60	13572.48	7225.91	480236.55

资料来源：根据课题组测算。

5. 湿地生态系统服务价值分析

从表 7-14 可以看出，2005~2020 年，闽江源湿地生态系统的平均生态服务价值为97278.77万元，其中，供给服务的价值为7134.89万元，占湿地生态系统服务价值的7.33%，调节服务的价值为81952.45万元，占湿地生态系统服务价值的84.24%，支持服务的价值为5518.40万元，占湿地生态系统服务价值的5.67%，文化服务的价值为2673.03万元，占湿地生态系统服务价值的2.75%。从时间动态来看，2005~2020年，闽江源湿地生态系统服务价值呈现明显的增长趋势，年均增长6.78%。其中，湿地供给服务价值明显增加，从2005年的4790.20万元增加到2020年的12899.20万元，15年净增加了8109.00万元，年均降低

6.83%。湿地调节服务呈现显著的上升的趋势，从 2005 年的 54388.37 万元增加到 2020 年的 149542.47 万元，15 年净增加了 95154.1 万元，年均增长 6.98%。湿地支持服务呈现增加趋势，从 2005 年的 4302.46 万元增长到 2020 年的 8673.04 万元，15 年净增长了 4370.58 万元，年均增长 4.78%。湿地文化服务呈现增长趋势，从 2005 年的 2061.31 万元增加到 2020 年的 4250.69 万元，15 年净增加了 2189.38 万元，年均增长 2.75%。

表 7-14　2005~2020 年闽江源湿地生态系统服务价值估算

单位：万元

年份	供给服务	调节服务	支持服务	文化服务	合计
2005	4790.20	54388.37	4302.46	2061.31	65542.34
2010	5425.08	61939.47	4549.05	2190.06	74103.66
2015	5425.08	61939.47	4549.05	2190.06	74103.66
2020	12899.20	149542.47	8673.04	4250.69	175365.40
平均值	7134.89	81952.45	5518.40	2673.03	97278.77

资料来源：根据课题组测算结果。

三、基于生态服务价值的闽江源生态补偿标准核算

根据生态服务价值核算的结果，进一步计算基于生态服务价值的生态补偿标准。本节计算生态补偿标准的思路为，闽江源生态服务的总价值扣除自身发展消耗的生态服务价值，再乘以生态服务价值对下游的贡献率为生态补偿的标准。计算自身消耗的生态服务价值借鉴了 Bates（2009）的方法，令闽江源第 i 年自身消耗的生态服务价值为 S_i，闽江源第 i 年总的生态服务价值 EVI_i，WP_i 为第 i 年闽江源的水足迹总量，WS_i 为第 i 年的水资源供应总量，π_i 表示第 i 年的修正参数为 θ，用下游与上游 GDP 的差占全市 GDP 的比重来表示。其计算公式如下：

$$S_i = EVI_i \times \left(1 - \frac{WP_i}{WS_i}\right) \times \pi_i \qquad (7-9)$$

经测算，闽江源流域地区自身消费情况如表 7-15 所示。

表 7-15　闽江源流域地区自身消费情况

项目	单位产品虚拟水含量	2005 年	2010 年	2015 年	2020 年
粮食	1.84	23.59	18.24	16.45	17.39
蔬菜	0.14	0.93	1.23	3.65	2.62
猪肉	3.56	4.45	4.08	4.57	4.39
牛肉	19.99	0.78	0.50	0.43	0.51
羊肉	18.01	0.52	0.41	0.57	0.79
家禽	3.11	1.13	0.73	0.96	1.59
蛋	5.56	1.85	1.33	1.29	2.59
奶	0.79	0.03	0.03	0.04	0.05
水果	0.39	2.68	2.91	2.77	3.54
农业虚拟水总计		35.98	29.47	30.73	33.46
农田灌溉		13.80	13.38	13.78	11.78
工业用水		9.47	11.42	8.94	7.94
生活用水		1.64	1.54	1.51	1.31
其他用水		0.78	0.74	0.97	0.87
水资源量		264.59	329.53	260.78	242.17
生态服务价值消费系数		0.23	0.17	0.21	0.57

注：粮食、肉类、蔬菜、蛋奶和水果等数据来源于《三明统计年鉴》，资源用量和水资源的相关数据来自历年《福建省水资源公报》，单位产品虚拟含水量系数参考杨兰和胡淑恒（2020）设置的值。

根据生态服务价值计算的生态补偿标准如表 7-16 所示。

表 7-16　2005~2020 年闽江源生态服务价值评估结果　单位：万元

年份	供给的生态服务价值	自身消耗的生态服务价值	修正参数	补偿标准
2005	14871284.01	8625344.73	0.2740	1711254.10
2010	14806023.69	6366590.19	0.2656	2241814.41
2015	14799676.27	7991825.19	0.2654	1806542.18
2020	14699963.92	8378979.43	0.2652	1676325.09

注：修正参数无单位。

根据生态服务价值核算的生态补偿标准的值非常大，2005 年的补偿标准为 1711254.10 万元，2010 年的补偿标准为 2241814.41 万元，2015 年的补偿标准为 1806542.18 万元，2020 年的补偿标准为 1676325.09 万元，能够证明生态产品有巨大的服务价值，但是在生态补偿实际实施中无法作为补偿的依据。

综上所述，本书通过对闽江源生态系统服务价值的估算，归纳梳理总结出了生态系统服务价值核算方法，并评估测算出了闽江源及其各市县区不同年份的生态系统服务价值，研究发现闽江源及各市县区生态系统的服务价值及不同类型生态系统的主要价值依次为调节服务、支持服务、供给服务和文化服务。故此，生态系统最主要的功能是涵养水源、调节气候、水土保持等诸多功能，所以要加大保护，不断增加生态保护的投入和生态补偿的力度。

第三节　基于机会成本的闽江源生态补偿标准测算

为了进一步制定出较为科学合理的补偿标准，本节采用机会成本法对闽江源生态补偿额度进行测算。机会成本是指因为闽江源因保护生态环境失去的第一产业和第二产业机会成本。

一、闽江源第一产业机会成本测算

闽江源生态环境保护限制了产业的发展。对农业的影响主要是由于植树造林减少了耕地面积，还有由于保护限制农药化肥的使用量，导致农业产量降低等。本书用单位面积的土地收益来表示，为便于计算，用农业的机会成本表示闽江源保护生态环境失去的第一产业的机会成本，令闽江源保护生态环境失去第一产业的机会成本为 C_A，福建省单位面积农地的收益为 E_1，闽江源单位面积农地的收益为 E_0，其闽江源的农地面积为 S，φ 为折算系数，用闽江源农地经济收益与福建农地经济收益的比值来表示。则闽江源保护生态环境损失的第一产业的机会成本计算公式如下：

$$C_A = (E_1 - E_0) \times S \times \varphi \tag{7-10}$$

从历年《三明统计年鉴》和《福建统计年鉴》整理闽江源和福建省 2005～2019 年农作物播种面积、农业产值以及耕地面积，并结合式（7-10）计算出闽江源第一产业机会成本，计算结果如表 7-17 所示。

表 7-17　2005～2019 年闽江源第一产业损失的机会成本

年份	E_0（万元/亩）	E_1（万元/亩）	φ	S（亩）	C_A（万元）
2005	0.15	0.22	0.12	2459800.00	−20939.53
2006	0.17	0.25	0.12	2820000.00	−26743.28
2007	0.22	0.30	0.12	2840000.00	−28700.59
2008	0.27	0.36	0.13	2839900.00	−31142.70
2009	0.29	0.37	0.13	2880600.00	−27859.28
2010	0.35	0.44	0.13	2880300.00	−32551.33
2011	0.42	0.53	0.13	2885400.00	−42907.24
2012	0.47	0.60	0.13	2901700.00	−48911.04
2013	0.52	0.66	0.13	2914500.00	−54977.14
2014	0.57	0.73	0.13	2920100.00	−60154.17
2015	0.60	0.78	0.13	2924900.00	−68605.48
2016	0.66	0.90	0.13	2931000.00	−90367.88
2017	0.59	0.93	0.11	2939400.00	−113619.61
2018	0.62	0.98	0.12	2947100.00	−120450.14
2019	0.67	1.05	0.12	2947100.00	−129185.69

注：E_0 为闽江源单位面积农地的收益，E_1 为福建省单位面积农地的收益，S 为闽江源的农地面积，φ 为折算系数，C_A 为闽江源保护生态环境失去第一产业的机会成本。

二、闽江源第二产业机会成本测算

闽江源生态环境保护限制了第二产业的发展。为了保护闽江源生态环境高质量发展，关停一批高污染、高能耗的企业，从而影响闽江源经济的发展。第二产业损失成本损失参照饶清华等（2018）的研究，用上游地区和某一参照地区的工业发展速度之间存在的差异来衡量。将闽江源经济发展速度与福建省经济发展速度在实施生态环境保护前后对比，两者的差值代表闽江源第二产业的机会损失成本。令闽江源第 k 年保护生态环境失去第二产业的机会成本为 C_{Ik}，福建省第 k 年人均工业产值为 G_{1k}，闽江源第 k 年人均工业产值为 G_{0k}，闽江源第 k 年的人口数为 N_k，第 k 年收益系数为 S_k，收益系数 S_k 用闽江源财政收入占 GDP 的比重表示。机会成本损失参数为 θ，θ 用闽江源人均第二产业年均增加值增长率来表示。则闽江源保护生态环境损失的第二产业的机会成本计算公式如下：

$$C_{Ik} = (G_{1k} - G_{0k}) \times N_k \times \theta \times S_k \qquad (7-11)$$

设 δ 为闽江源没有实施生态环境保护的人均第二产业年均增速值，δ' 为闽江源实施生态保护后的人均第二产业年均增速值，γ 为闽江源实施生态保护前的福建人均第二产业年均增速值，γ' 为闽江源实施生态保护后福建人均第二产业年均增速值（何慧爽和单蓓，2021）。则闽江源机会成本损失参数 θ 的计算公式如下：

$$\theta = \left| (\delta' - \gamma') - (\delta - \gamma) \right| \qquad (7-12)$$

从历年《三明统计年鉴》和《福建统计年鉴》整理闽江源和福建省 2005~2019 年人口数、工业生产总值、财政收入、国内生产总值（GDP），损失参数直接参考饶清华等的计算结果（饶清华等，2018），并结合式（7-11）和式（7-12）计算出闽江源域第二产业机会成本，计算结果如表 7-18 所示。

表 7-18   2005~2019 年闽江源第二产业损失机会成本

年份	G_{0k}（万元）	G_{1k}（万元）	S_k	N_k（万人）	θ	C_{Ik}（万元）
2005	0.61	0.87	0.09	268.13	0.04	-65394.19
2006	0.72	1.01	0.09	268.63	0.04	-3205.11
2007	0.89	1.25	0.09	269.50	0.04	-3978.93
2008	1.21	1.48	0.09	270.15	0.04	-2803.82
2009	1.35	1.67	0.08	271.06	0.04	-3251.12
2010	1.76	2.09	0.08	272.73	0.04	-3300.23
2011	2.23	2.50	0.09	273.35	0.04	-2828.27
2012	2.47	2.81	0.09	274.24	0.04	-3717.44
2013	2.80	3.13	0.09	278.46	0.04	-3654.77
2014	3.00	3.46	0.08	284.01	0.04	-4824.64
2015	3.08	3.58	0.08	284.21	0.04	-4767.29
2016	3.24	3.79	0.07	287.46	0.04	-5011.44
2017	3.81	4.17	0.07	287.51	0.04	-3233.38
2018	4.28	4.78	0.07	289.13	0.04	-4497.56
2019	4.86	5.18	0.06	288.54	0.04	-2621.46

注：G_{0k} 为闽江源人均工业产值，G_{1k} 为福建人均工业产值，S_k 为收益系数，N_k 为闽江源人口数，θ 为机会成本损失参数，C_{Ik} 为第二产业损失成本。

三、闽江源机会成本的测算

闽江源由于保护生态环境损失的第一产业和第二产机会成本总和为闽江源损失的机会成本，其计算公式如下，并根据该式计算出 2005~2019 年闽江源生态补偿的额度，详细结果如表 7-19 所示。

$$C_T = C_A + C_{Ik} \qquad (7-13)$$

表7-19　2005~2019年闽江源主体功能区生态补偿机会成本测算结果

单位：万元

年份	二产机会	一产机会	补偿标准
2005	65394.19	20939.53	86333.72
2006	3205.11	26743.28	29948.39
2007	3978.93	28700.59	32679.51
2008	2803.82	31142.70	33946.52
2009	3251.12	27859.28	31110.40
2010	3300.23	32551.33	35851.56
2011	2828.27	42907.24	45735.51
2012	3717.44	42907.24	46624.69
2013	3654.77	42907.24	46562.01
2014	4824.64	42907.24	47731.89
2015	4767.29	42907.24	47674.53
2016	5011.44	42907.24	47918.68
2017	3233.38	42907.24	46140.62
2018	4497.56	42907.24	47404.81
2019	2621.46	42907.24	45528.70

资料来源：根据课题组测算。

从表7-19可以看出，闽江源由于生态保护损失的机会成本每年不同，呈现波动情况，2005年损失的机会成本最多，为86333.72万元。2005~2019年，闽江源损失的机会成本依次为86333.72万元、29948.39万元、32679.51万元、33946.52万元、31110.40万元、35851.56万元、45735.51万元、46624.69万元、46562.01万元、47731.89万元、47674.53万元、47918.68万元、46140.62万元、47404.81万元和45528.70万元。

用机会成本损失测算闽江源的补偿额度，因数据收集的困难，没有收集到闽江源生态环境保护的生态建设、污染治理等相关数据，因此没有将生态环境保护的直接投入核算进来。所以，补偿费用核算会有些偏低，进一步核算时需要将直接投入计算进来，令闽江源生态保护的直接投入为C_I。故此，式（7-13）可以进一步修正如下：

$$C = C_T + C_I \qquad (7-14)$$

第四节　闽江源生态补偿额度的测算

本节在以上三节对闽江源补偿额度估算的基础上，进一步完善不同方法核算补偿额度存在的差异及不科学、可操作性不大的问题，结合各种方法对闽江源生态补偿额度进行综合计算。以期形成动态的可操作的生态补偿标准综合核算方法，为闽江源生态补偿标准计算提供参考。

一、多方法综合评估

根据上述采用条件估值法、生态服务价值评估和机会成本法分别对闽江源生态补偿标准进行了核算，每种方法核算的结果不尽相同。以 2015 年计算的补偿标准为例，其中生态价值估算的补偿额度为 1806542.18 万元，补偿金额较大，财政补偿压力大，在实践中可操作性不大。机会成本法估算额度为 47674.53 万元，而 2015 年闽江源直接投入生态保护的成本就达到 46100 万余元，无法弥补闽江源保护生态环境的投入和失去的机会成本，且补偿额度偏低。条件估值法核算的补偿额度为 80085.08 万元，估计额度相对适中。针对不同方法核算结果不同和不科学的问题，本书试图建立一个多方法总评估模型，其评估公式如下：

$$EC_i = k_1 \times E_i + k_2 \times S_i + k_3 \times C_i \qquad (7-15)$$

式中，EC_i 表示第 i 年生态补偿额度，E_i 表示第 i 年用条件估值测算的补偿额度，S_i 表示第 i 年用生态服务价值测算的补偿额度，C_i 表示第 i 年用机会成本法测算的补偿额度，k_1 表示每种测算额度的权重，本次计算取均值。

二、调节系数的确定

根据上述计算的生态补偿额度相对较大,无法直接作为生态补偿的依据。鉴于此,核算模型中加入生态补偿调节系数,计算时参照了何慧爽等和单蓓(2021)的计算公式,具体公式如下:

$$R_f = \frac{e^\varepsilon \times G_f}{(1+e^\varepsilon) \times G} \quad (7\text{-}16)$$

式中,R_f 为闽江源生态补偿调节系数,ε 为恩格尔系数,G_f 为闽江源下游的南平和福州的国民生产总值,G 为福建省的国民生产总值。为了便于考核生态环境保护质量,另外加入生态环境质量保护调节系数 ρ,根据2015年闽江源三级以上水质,取生态环境质量保护调节系数为0.91,其生态补偿的额度计算公式如下:

$$EC_{ri} = EC_i \times R_f \times \rho \quad (7\text{-}17)$$

三、闽江源生态补偿额度的测算

本书生态补偿标准额度的核算以2015年为例进行计算。人口数、工业生产总值、财政收入、国内生产总值(GDP)和恩格尔系数等数据来源于《三明统计年鉴》《南平统计年鉴》《福州统计年鉴》《福建统计年鉴》,受益参数直接参考饶清华等(2018)的计算受损参数结果,生态保护质量根据闽江源上游三级水的比重。根据前面不同方法计算的补偿额度,利用上述收集的相关数据,并利用式(7-16)和式(7-17)计算出了2015年闽江源生态补偿额度为91531.19万元。计算过程和结果如下:

$$EC_{ri} = EC_i \times R_f \times \rho$$
$$= \frac{80085.08+47674.53+1806542.18}{3} \times 0.156 \times 0.91$$
$$= 91531.19(万元)$$

第八章

生态补偿机制构建与政策建议

在前几章研究的基础上，本章进行闽江源利益主体功能区生态补偿机制体系的构建，不仅要考虑闽江源农户增收，还要考虑当地的经济发展水平、下游的支付能力、社会背景等，制定合理、易操作的参与式补偿机制。

第一节　闽江源生态补偿构建的目标

生态补偿的主要目标是通过环境付费的方式激励生态环境供给者进行生态环境保护，确保国家生态安全。在主体生态功能区由于当地政府和农户服从我国生态环境保护和生态安全的战略部署，牺牲自我发展和经济发展的机遇而变为生态低收入者。因此，闽江源生态补偿是在保护生态环境的前提下，通过不同生态补偿的方式促进当地的经济发展，带动保护区农户增收，探索绿色发展路径提供参考。

一、助推生态环境持续高水平保护，实现生态美

闽江源生态补偿最直接最主要的目的是为了持续保护生态环境高质

量。闽江源既是我国重要的生物多样性的基因宝库和南方重要的生态保护区域，也是福建重点生态功能区，对我国南方生态安全和绿色发展至关重要。生态补偿作为调整生态环境保护与损害相关利益之间的一种行政制度手段，持续通过补偿措施激励闽江源生态保护相关利益者积极参与到生态环境保护中，有利于保护闽江源森林、湿地和水源地，最终实现区域经济发展和生态环境保护的双重目标。

二、促进生态补偿与乡村振兴的有效衔接，发展生态产业

闽江源山多地少林多，是福建生态保护区。生态补偿的实施有利于生态保护区的地方政府和农户参加，提高了农户的福利水平。生态补偿通过财政转移支付手段将资金直接转移给主体功能区的农户，增加区域农户的家庭收入。因此，应持续加大推行财政转移支付力度，支持生态产业，提供培训就业和自然资产证券化等生态补偿措施，促进经济发展，提高保护区群体的收入。

三、探索生态富集地区生态产品价值实现路径，实现百姓富

闽江源生态补偿的目的是在生态补偿实现生态环境保护的前提下，让老百姓能够满足对优质生态环境的需求，逐步消除区域发展的不平衡，体现社会主义的公平公正，让社会发展的红利惠及广大民众。因此，在生态补偿实施过程中，各地政府要根据自身的资源禀赋，在生态环境约束和保护下，充分挖掘生态产品价值，探索生态产品价值实现的路径，促进地区发展、提升农户的生活水平和生活品质。闽江源属于生态富裕区域，有丰富的林业资源、生物资源、水资源、中草药和农林特色作物。在生态补偿实施时，要采用多样化的补偿措施激发农户在保护生态环境的前提下，深挖生态产品转化路径，如鼓励农户支持发展生态旅游、林下经济、森林康养等生态产业，并为农民创造就业机会，提高人们的福利水平，最终实现生态美百姓富的可持续发展新路子。

第二节 闽江源生态补偿机制构建的基本原则

闽江源生态补偿对闽江源生态、经济和社会协调发展具有重要的促进作用，构建科学合理的生态补偿机制，为生态补偿工作的顺利开展提供了良好的前提保障。生态补偿机制的构建和运行应当体现生态补偿的本质、目的、基本原则，反映国家有关生态补偿、环境保护等工作任务的根本要求与准则。同时，生态补偿也是一项兼具系统性和复杂性的工作，这就对生态补偿机制的各组成部分提出了更高的要求，即在统一原则的指导下，互相配合、协调发展，共同发挥作用。因此，在构建闽江源生态补偿机制的过程中应当遵循这一原则，在充分体现国家有关政策精神和相关工作要求的同时，又要具备良好的实用性，能够促进闽江源生态补偿工作的顺利开展，对此提出以下五项原则。

一、政府主导、市场运作、社会参与的原则

闽江源生态补偿是一项重大的环保工程，必须充分发挥政府的主导作用，进一步加大政府在人、财、物等方面的投入力度，提升省、市、县、乡各级政府和职能部门对闽江源生态补偿工作的重视程度和支持力度。同时，应兼顾该项工作的社会公益属性，不断提高社会各界的关注度、支持度和参与度，积极为社会资本和民营资本构筑投资平台，极力拓展闽江源生态补偿的市场化与社会化渠道，逐步建立健全多元化筹资渠道和市场化的运作模式，形成适合新时代要求的政府主导有力、社会参与有序、市场调节有效的生态补偿制度体系。

二、补偿先行、坚持经济、共富并重的原则

生态补偿有效保障了保护地区的环境与经济协调发展。生态补偿在增加生态环境保护者和提供者的收入方面发挥积极作用，主要通过转变生产经营方式，为保护区居民创造就业机会，但禁止砍伐生态公益林等规定使农民丧失原本的生活来源，一定程度上影响收入，即生态补偿政策产生的消极影响。因此，生态补偿的职能定位应注重以下两个方面：一是补偿优先、保护生态环境。生态补偿是生态补偿政策在资源开发中的具体体现和运用，充分利用政策措施做好该地区的生态环境保护工作是其做好资源开发工作的前提。二是实现经济发展。生态补偿是绿色发展理念的具体实践，在满足生态补偿的基础上赋予生态系统服务价值，通过输血与造血相结合等方式为生态保护地区创造发展机会和空间，确保生态保护地区可持续发展。

三、因地制宜、重点突出、循序渐进的原则

闽江源生态补偿的整体性和复杂性决定该项目是一项长周期、大投入的系统性环境保护与生态修复与资源开发工程。因此，在构建和实施过程中应在循序渐进、先易后难的前提下，逐步解决理论支撑和制度设计的问题，同时还应立足当下，抓住闽江源生态保护与经济社会协调发展这一关键问题，不断推进闽江源生态补偿工作的有序开展。目前，以闽江源森林和水资源使用量的经济价值为基础，核算补偿标准，并结合闽江源各行政区域水资源利用情况及其经济社会协调发展情况，尽快开展闽江源生态补偿的探索与实践。

四、共建共享、多元参与、多赢发展的原则

闽江源生态补偿涉及的区域面较广、利益相关方众多，因此在构建闽江源生态补偿机制的过程中，应以遵循国家宏观经济发展战略布局为前提，统筹协调闽江源各行政区划之间的经济社会发展，强化各部门在闽江

源生态补偿工作中的沟通协作，以合作共赢为理念，共同解决闽江源生态保护和过程中的阻碍和困难，努力打造共建共享、多元参与、多赢发展的新格局。

五、权责一致、区域公平、公正公开的原则

闽江源生态补偿属于重点生态保护区和流域生态补偿模式。因此，应对闽江源生态补偿中涉及的利益相关主体进行科学分析，从而明确各方在此过程中应承担的责任、享有的权利和履行的义务，进而确保各利益主体责、权、利的均衡统一，建立权责一致、区域公平、公正公开的责任体系。

第三节　闽江源生态补偿机制的构建

一、建立闽江源生态补偿的政府驱动机制

政府驱动机制主要是协调、引导、管理和监督生态补偿的多方主体，驱动生态补偿的部门间协同和补偿的多元化发展。我国生态环境保护和资源开发管理办法多为"政府主导，分级负责，部门协作，合力推进"，主要涉及发展改革、自然资源、生态环境与保护、林业与草原、农业农村、财政等部门。但是从生态环境保护与资源开发运行情况看，该项工作的条块分割属性较为明显，主要体现在生态环境保护与资源开发的管理、实施、资金等具体工作涉及多个管机构和部门，即多头管理，而机构和部门之间缺乏有效的协调和分工配合，在一定程度上推高了运行成本，降低了资源的使用效率。因此，政府要在闽江源生态补偿工作中充分发挥主导作用，除提供财政支持外，需统筹协调生态环境保护与资源开发

之间的关系，厘清部门间的责任、权利和义务，整合部门利益，推进部门间的沟通协作，协调生态补偿相关利益者之间的关系，协调相关利益者之间的权益，通过宣传教育等多种手段引导公众和相关利益主体积极参与到生态补偿的全过程中来。

（一）成立生态环境保护领导小组

组建闽江源生态保护领导小组，由党政一把手担任组长，分管生态环境的主要负责人担任副组长，生态环境、农业农村等相关部门承担日常具体工作。为确保生态环境与资源开发工作扎实有序推进，形成协同推进的合力，在资金筹措管理、规划、政策制定、项目建设等方面要强化领导小组的议事协调职能，并加强对各部门分工协作的指导、协调、监督、仲裁和奖惩。

（二）加强部门间的通力协作

对于重点生态保护区域，应统筹协调生态建设任务中生态补偿和区域经济发展之间的关系，做到生态保护与发展"两手抓、两手都要有"。同时，相关省直部门和上下游政府要加强沟通协作，如林业部门应提高对林下经济、森工企业的帮扶力度；人社部门应增加适用于农民的免费培训；财政部门应加大资金支持力度；金融、保险部门等应出台相关帮扶政策。

（三）建立县级联席会议机制

在闽江源相关县（市、区）建立部门联席会议制度，由市（县、区）委市（县、区）政府牵头，联合发展改革、生态环境、林业、农业农村、自然资源等部门，协调生态环境保护和区域经济发展过程中出现的权责利之间的矛盾。

二、健全闽江源生态补偿的综合生态补偿机制

闽江源应坚持生态补偿力度与财政能力相匹配、与推进基本公共服务均等化相衔接，按照生态空间功能，实施纵横结合的综合补偿制度，促进生态受益地区与保护地区利益共享。

（一）加大纵向补偿力度

要积极争取中央财政转移支付的力度，福建省要进一步增加对闽江源生态补偿的财政支持预算，中央或省级预算内涉及的重大生态工程建设项目和基本公共服务项目要优先安排重点生态保护区域以及沿河流域保护区，同时加大补偿力度。地方政府也要筹划生态建设项目，积极向省级以上相关部门争取生态建设资金。省市要设立与经济发展水平相匹配的生态补偿专项资金。

（二）加大横向补偿力度

闽江源下游的福州等地区也要提高对上游的生态补偿金，且生态补偿金的安排要根据生态补偿区位的重要性，保护的难易度，污染治理的好坏以及对生态环境保护的投入和机会成本等进行资金的分配，对重点保护区、保护规模大、保护难度大的地区提高转移支付预算系数。实施提高森林覆盖率横向生态补偿机制，允许森林覆盖率不达标的县（市、区）可以向森林覆盖率高出目标值的县（市、区）购买指标，并计入本市县区森林覆盖尽责率。

（三）合理统筹补偿资金

用于生态系统保护与修复、推进环境综合治理等手段，打破部门间壁垒，消除各部门各自为政，统筹各类生态建设和资金，统一规划，统一建设，减少资金配置不合理，避免部门各自为政造成的重复建设，切实提高各项资金的使用效率和效果。

三、建立闽江源生态补偿的市场化多元化机制

市场化多元化生态补偿机制主要是为了激发主体功能区的市场主体活力，充分发挥市场作用，通过生态资源环境交易的方式来解决闽江源生态环境保护和经济发展不合理的问题，将资源的配置作用充分运用到闽江源生态保护工作之中，引导社会资本参与闽江源的生态保护。通过市场化手段进一步探索闽江源生态产品价值实现的市场化路径。

（一）完善市场交易机制

加快建立统一的生态资产确权登记制度，明确河流、森林、山岭、荒

地、滩涂等各类生态资产的所有权、行政权、使用权和经营权等权属关系。建立自然资源价值评估核算体系，编制生态系统价值统计年鉴，建立自然资源会计台账，采用"一张图"对自然资源进行系统管理。继续深化绿色金融、林票制、林业碳汇交易，探索排污权、用水权和用能权交易制度，探索碳排放交易权抵消制度。完善自然资源公共交易平台，切实提升自然资源市场化运营水平。

（二）拓宽市场化融资渠道

积极推动各项绿色金融创新，建立起涵盖绿色信贷、绿色债券、绿色保险等领域的多元化产品和金融服务体系。盘活自然资源，探索开展资源环境资本运作，积极支持银行和企业发行绿色债券，鼓励绿色信贷资产证券化，建立绿色股票指数，发展各类绿色发展基金。支持各金融机构参与研究发展水权、排污权、碳排放权等各类资源环境权益的融资工具，发展碳排放权期货交易制度，建立土地银行、森林银行等专业化生态银行。鼓励支持保险机构开发创新绿色保险产品参与生态补偿，完善对节能低碳、生态环保项目的担保机制，加大风险补偿力度，在环境高风险领域建立环境污染强制责任保险制度。建立绿色评级体系及公益性的环境成本核算和影响评估体系，促进生态环境资本不断增值，实现经济发展与资源环境保护双赢。

（三）探索多样化补偿方式

做实对口协作、产业转移、人才培训、共建园区等多元化生态补偿方式。上下游协同打造绿色产业链，挖掘关联性产业项目，整合流域治理项目与相关产业项目。支持生态功能重要地区开展生态环保教育培训，充分发挥林业资源、空气资源、水资源等优质自然资源，引导农民发展种子产业、特色休闲农业、康养产业、生态旅游、林下种植、循环农业等生态产业、扩大绿色产品生产。引导农户将林地使用权、湿地资源资产、生态补偿资金等以参股、合股、托管、赎买、租赁等多种形式合作经营参与发展生态产业。在生态保护建设、生态修复、环境污染防治、造林、林木抚育、森林防火等政府购买的社会化服务项目，鼓励具备劳动能力的农户组建相应团队参与。充分发挥财政的导向作用，通过贴息补助、股权收益让利、延长经营时限、减免税费等办法，鼓励和引导社会资金投向生态环境基础设施建设和经营领域，进一步推进生态补偿的市场化运作。

四、建立闽江源生态补偿的公众参与机制

公众参与机制主要是引导企业、社会公益组织、民众及其生态环境保护的相关利益者积极参与主体功能区生态补偿。在生态补偿实施过程中给予资金和智力等方面的支持，同时对主体功能区生态补偿的实施提供监督作用，从而推进主体功能区生态补偿科学、公平、公正、公开，最大限度地提升生态补偿的效率。

（一）合理汲取相关利益者的意见

在生态补偿政策的制定过程中接受相关利益者的监督，广泛听取相关利益者的合理意见和建议，通过协商来达到各方利益主体的诉求，形成发展的合力。

（二）提高公众的知晓度和参与度

利用广播、电视、微信和抖音等主流媒体向民众、社区、企业加强生态补偿政策、价值、活动的宣传，广泛宣传生态补偿与扶贫的决策部署、政策举措，生动报道生态补偿与资源开发的丰富实践和先进典型，提高农民对生态补偿政策的知晓度，激发公众参与生态补偿的主动性和积极性。严格要求各级环境保护部门公开各种环境信息，接受社会监督。

（三）搭建公众参与生态补偿的多渠道平台

各地政府建立生态补偿的信箱、邮箱、公众号等信息交流和反馈的平台，让公众对生态补偿和建设的意见、建议、投诉有渠道反映。健全举报制度，发挥公众对生态补偿和建设的监督作用。并借助搭建平台和出台相关政策措施，引导社会团体参与生态环境保护建设。

五、建立闽江源生态补偿的差异化机制

生态补偿差异化机制是为了解决生态补偿主体资源禀赋、自身特征不

同的情况而量身定做的补偿措施，以此来满足不同利益诉求的受偿者。由于闽江源涉及多个县（市、区），各地在地理位置、资源禀赋、生态环境、经济发展等方面均存在差异，因此综合考虑生态保护地区经济社会发展状况、生态保护成效等因素确定补偿水平，对不同要素的生态保护成本予以适度补偿。

（一）差异化补偿标准

在制定补偿政策时，结合现有的补偿政策，不断提高生态补偿的标准。根据主体功能区保护的生态安全的重要性、立地条件、区位重要性，保护的难易程度和贡献大小，发展机会成本的多少，探索以植被储碳量为增量的补偿标准核算依据，并根据区域经济发展水平，科学合理地设置差异化的补偿标准，适当提高重点保护区地区的补偿标准。

（二）需求差异性补偿

充分考虑农户的补偿意愿，采用现金直接补偿和间接补偿相结合的方式，逐步由输血式补偿向造血式补偿转变，对需要生产资金短缺的，开展绿色金融生态补偿和支持发展产业以及技术指导。对年龄大、残疾等缺乏劳动力的人口实施"政府兜底"补偿。对中青年人口要根据其自身情况，为其提供就业岗位，开展具有针对性的实用技术和操作技能的培训。

（三）区位差异性补偿

在保护区的国有林场、国家公园、森林资源管护、营造林项目、生态保护工程、自然文化资源保护等生态建设项目中，鼓励优先为周边具备相应工作能力的人口提供就业岗位。在生态资源贫瘠地区采用易地搬迁，在生态环境富裕的地方充分考虑提升农户的内生动力，主要是补"智力"、补"发展"，深挖生态产品价值，逐步转变农户的传统的生计方式和家庭产业结构，着力推行农户可持续发展的生计模式，来实现生态保护和农户增收目标统一的相容模式。

六、建立闽江源生态补偿的科学管理机制

建立健全科学管理机制对闽江源实现生态环境保护和区域经济发展的

双重目标具有重要作用。

（一）完善生态补偿的法治体系

针对环境保护，国家已颁布《环境保护法》《水土保持法》《水污染防治法》等相关的法律、法规，但对于主体功能区生态补偿尚未出台明确的法律法规。因此，国家应对主体功能区生态补偿给予立法保障；处于闽江源的地方政府也可根据各自实际情况出台相关的政策法规条例。

（二）制定生态补偿奖惩机制

在闽江源范围内对于生态环境保护和居民增收做出贡献的个人、组织或团体，当地政府可为其提供奖励，以激发生态环境保护的积极性；同时，对于环境不达标、不理想地区进行惩罚。

（三）建立生态补偿监督机制

通过设立专门的监督机构，对闽江源生态补偿的补偿对象、补偿标准、补偿方式、补偿政策等各个环节进行监管。同时，可聘请非政府组织、社会群体对闽江源生态补偿的实施过程进行社会监督。

（四）建立生态补偿资金审核制度

监察、审计、财政等部门应加强对闽江源生态补偿项目资金的使用和用途，进行常态化审计和监管，确保闽江源生态补偿资金的安全使用和政策落实。

（五）建立绿色绩效考核评价机制

在健全生态环境质量监测与评价体系的基础上，对生态补偿责任落实情况、生态保护工作成效进行综合评价，建立评价结果与转移支付资金分配挂钩的激励约束机制。将生态补偿责任落实情况、生态保护工作成效作为重要内容到市各级部门政府绩效考评指标中。将生态环境和基本公共服务改善情况等纳入政绩考核体系，作为各级政府和领导班子以及干部奖惩和提拔重用的重要依据。

第四节　政策建议

一、提高生态补偿标准，实行分类补偿措施

生态补偿主要通过制度约束和给予农户现金补偿的方式激励农户保护生态环境，在宏观层面已经实现了良好的社会经济效益和生态效益。但从农户微观层面来看，虽然生态补偿一定程度弥补了农户发展的机会成本，但与生产经营相比，补偿远低于经营收益。例如，生态公益林补助23元/亩，与经营商品林相比，公益林补偿远远低于商品林收益，出现了公益林管护难等问题。一是在调整生态公益林补偿政策时，提高生态公益林的补偿标准，实行公益林分类补偿。建立完善公益林分级补偿、按质论价的机制，根据生态公益林的立地条件、林分质量、区位的重要性以及对生态保护贡献的大小等科学制定评价标准，将公益林分级分类，然后制定不同补偿标准，分类补偿，逐步实现公益林优质优价补偿。二是按照主体功能区生态保护的重要性进行分级分类补偿。研究发现闽江源生态保护的重要区域主要分布在地质灾害易发区、水源地、河流发源地，沿河流域和武夷山脉和戴云山脉，重点是建宁县、泰宁县、明溪县、将乐县、大田县和尤溪县。生态补偿时可以加大对这些地区的补偿力度，按生态重要性的贡献率提高补偿标准，并优先向低收入人口倾斜。三是在今后生态补偿政策实施过程中要充分考虑生态补偿实施对农户生产经营的影响，参考农户参与生态保护机会成本的损失，以便更好地贯彻"谁受损、谁获益"的原则。并根据不同类型的农户对生态补偿的需求存在差异，在以后生态补偿政策调整时，将农户视为主要的相关利益者，在补偿标准制定、补偿方式以及补偿范围的划定等实施环节提高农户的参与度，以此提高农户对生态

补偿的认知度和满意度。四是根据不同方法对闽江源生态补偿标准进行估算发现，用生态服务价值核算的补偿标准最高，机会成本法核算的补偿标准最低，在以后生态补偿标准制定时，可以考虑将生态服务价值核算的标准作为上限，机会成本核算的补偿标准作为下限，并根据地方财力和经济发展，采用多方法综合核算来制定补偿标准。同时可以进一步探索将 GEP 核算和生物碳储量的增量作为生态补偿标准核算的依据，设置科学的差异化的补偿标准，适当提高重点生态保护区的补偿标准。

二、立足生态资源优势，促进生态产业发展

研究发现，经济发展和生态环境保护之间存在相互促进的关系。主体功能区与生态保护区在地缘上存在高度重叠，需要大力发展特色生态产业，通过发展生态产业来反哺环境保护与民生建设，实现生态保护与经济发展协同可持续发展。闽江源是我国生态文明建设的试验区的主要部分，具有丰富的自然资源和人文资源，应大力发展生态农业、森林康养和生态旅游业，促进环境保护和经济协同发展。一是发展生态农业。尽管闽江源已有一些农业龙头企业对推动生态农业发展产生了积极影响，如建宁莲子、种子、金森木业、永林集团等，但整体来看，数量偏少，辐射带动能力较弱。政府应该继续培育规模大的龙头企业，扶持一批具有上市潜力的农业企业在"新三板"挂牌上市，并且立足于生态资源的分布特点，对生态农业的发展进行科学规划布局，促进市内农业产业优势互补和规模化经营。另外，大力推动农户发展林下种养业、林果加工业、庭院经济等多元化、多业态、高端化经营，促进生态农业产业化经营，还应该建立一批集优质农产品种植、生产、加工于一体的生态农产品基地，推动生态农业集群式发展。二是发展森林康养业。闽江源充分发挥森林资源优势和医药卫生体制改革优势，依托"中国绿都·最氧三明"品牌，全力发展全域森林康养产业，着力打造"森林环境+现代医学"的森林医院、"森林环境+传统文化"的森林书院、"森林环境+温泉休闲"的森林温泉、"森林环境+森林漫步"的森林操场、"森林产品+教育互动"的森林研学等森林康

养形式，将生态资源、景观资源、食药资源、文化资源与医学、养生学有机融合，把生态优势转化为产业优势，为绿色发展拓展新的空间。三是发展生态旅游业。闽江源有着丰富的生态资源和红色资源，应大力发展旅游业，加大对大金湖、玉华洞、闽江源等自然风景区的宣传力度，充分挖掘宁化红军长征出发地等红色旅游资源，深入挖掘"福"文化，拓展农业功能、传承农耕文化为核心，大力开发休闲度假、旅游观光、创意农业、农耕体验、乡村手艺等乡村旅游产品，提高农业综合效益。鼓励支持有条件的农村集体经济组织创办民宿乡村旅游合作社，让农民充分参与和受益，建立集循环农业、创意农业、农事体验于一体的田园综合体。四是发展农村电子商务。充分利用电子商务新业态，重建企业与农户的连接机制，对接农户生产的农业特色产品，拓展农户的农产品销路。提升农业供给质量和效益，注重生产与生态有机结合，重点打造绿色安全优质的产品生产与销售基地的金名片，拓展"绿色+""互联网+"等多种行业联合发展的产业经营体系。利用网络平台开辟和拓展产品与服务的销售渠道，带动生态旅游、生态农业、绿色民宿、特色手工艺品等相关产业与服务，形成绿色产业链，促进乡村快速高质发展。总之，大力发展生态产业带动闽江源形成"生态保护、环境美化、群众增收、区域发展"的"多赢"局面。

三、深挖生态产品价值，推动自然资本证券化

研究发现，通过林权制度改革可以优化农户生产要素配置，促经农户增收。闽江源是林权制度改革的策源地，要充分利用林业资源，不断深化林权制度改革，深挖生态产品价值，探索生态产品生态服务价值的实现路径。一是继续深化"福林贷"，设计精细化林权抵押信贷产品。根据农户的富裕程度、劳动能力和经济活动能力以及信贷需求，鼓励支持各地政府创新林业金融产品，设计"基金担保+小额信用循环贷款""林业保险+专业技术培训""农户+合作社"等林权抵押金融信贷产品，满足不同农户差异化信贷需求。针对农户要放宽林权抵押贷款的门槛，大力促进农户增

收,尽可能缩小农村贫富收入差距。二是鼓励农户通过林权流转参与企业以参股、合股、托管、赎买、租赁等多种形式合作经营。不断完善商品林赎买制度,进一步探索森林经营的股权共有、经营共管、资本共享、收益共赢等新模式。支持农户以林地使用权入股或折股形式与企业合作造林,村民合办营林企业,提高林业规模化经营水平和林业生产效率,促进农户增收。三是加速碳汇项目开发。构建明晰的交易主体,完善林业固碳减排方法学,对林业碳汇进行科学合理的核算体系,设计易于交易的碳汇产品,探索林业"碳票+"模式,探索林业碳汇市场化交易,完善林业碳汇的交易规则,建立碳汇基础数据库,搭建林业碳汇交易平台,切实提升林业碳汇的市场化运营水平。四是完善推广林票制度。明晰林业权属关系,继续完善林权折股、交易、质押、继承、兑现等相关政策,建立林票基础信息库,制定林票风险隔离制度,支持成立国家级林业产权交易所,打造林票公共交易平台和定价中心。

四、提供就业创业机会,加大劳动力转移力度

实证研究发现,闽江源生态补偿为农户提供就业岗位能够显著增加农户收入,因此要为农户提供更多的就业岗位和创业机会,促进实现经济发展和生态保护。一是在生态公益林、公共基础设施和生态林管护、常态巡查、常态养护、日常保洁、日常后勤保障等方面为主体功能区的农户提供公益性岗位。二是积极引导地区富余劳动力进城务工,消化部分劳动力,同时增强农牧民的非农牧就业能力,提供更多的非农牧就业机会。三是对自然资源条件差,生态环境脆弱,生态安全风险大的地方,要大力推行生态移民模式,让生存环境恶劣人口搬迁到适宜生活的环境,改变生活的社会关系网络,提升社会资本,加大技术培训,提升农民的内生动力,提供就业岗位,拓宽其家庭收入来源。四是将国土绿化营造林项目计划安排重点向保护区倾斜,大量农民以劳务参与、入股分红、土地出租等方式参与工程建设,切实解决农户"就业难、增收慢"的问题。

五、完善考核考评体系，实施奖惩激励制度

不同地区地理位置和生态环境差异较大，在保护生态环境、发展生态产业时所需付出的成本与取得的收益差异很大，生态环境越恶劣的地区，生态修复成本越高，生态产业发展难度就越大。完善监督管理机制，保障生态补偿的有效实施。一是闽江源将生态环境保护和扶贫开发的投入增长率指标作为当地政府年度考核的依据。二是对生态环境保护综合评价好的，地方政府加大奖励力度；对综合评价不好的，地方政府加大惩罚力度。三是对于生态环境保护和居民增收做出可持续发展贡献的个人、组织或团体，当地政府可为其提供奖励，以激发生态环境保护的积极性。四是将生态环境、基本公共服务改善情况和森林覆盖尽责率等综合考评纳入政绩考核体系，作为各级政府和领导班子以及干部奖惩和提拔重用的重要依据。

参考文献

［1］敖长林，袁伟，王锦茜，等．零支付对条件价值法评估结果的影响——以三江平原湿地生态保护价值为例［J］．干旱区资源与环境，2019，33（8）：42-48．

［2］蔡玉莹，于冰．基于CVM的海洋保护区生态保护补偿标准及影响因素研究——以嵊泗马鞍列岛为例［J］．海洋环境科学，2021，40（1）：107-113．

［3］陈根发，林希晨，倪红珍，等．我国流域生态保护补偿实践［J］．水利发展研究，2020，20（11）：24-28．

［4］陈国兰．云南精准扶贫与生态保护补偿融合机制的框架及模式探索［J］．福建农林大学学报（哲学社会科学版），2019，3（2）：6-12．

［5］陈俊．浙江重点生态功能区生态保护补偿实践效果及其对策研究［D］．杭州：浙江农林大学，2018．

［6］陈珂，刘璨，刘浩，等．农村林业投融资政策：回顾与实施——基于福建、浙江、辽宁3省的调研分析［J］．林业经济，2019，41（1）：81-91．

［7］陈丽萍．林票新模式下股份合作林经营及其会计核算［J］．绿色财会，2020（1）：39-40．

［8］陈强．高级计量经济学及Stata应用［M］．北京：高等教育出版社，2014．

［9］陈益芳，张磊，王志章．民族贫困地区农民对国家扶贫政策满意度

的影响因素研究——来自武陵山区的经验［J］. 广西经济管理干部学院学报，2015（2）：87-91.

［10］仇晓璐，陈绍志，荣赵. 集体和个人所有的公益林生态保护补偿研究综述［J］. 世界农业，2017（9）：216-231.

［11］楚宗岭，庞洁，蒋振，等. 贫困地区农户参与生态保护补偿自愿性影响因素分析：以退耕还林和公益林补偿为例［J］. 生态与农村环境学报，2019，35（6）：738-746.

［12］戴婷. 市场化生态保护补偿：国际经验及对中国的启示［D］. 广州：暨南大学，2017.

［13］董建军，张美艳，李军龙. 基于生态保护补偿视角下的重点生态区位商品林赎买问题探析——以三明为例［J］. 湖北经济学院学报（人文社会科学版），2019，16（5）：47-49.

［14］董静，李子奈. 修正城乡加权法及其应用——由农村和城镇基尼系数推算全国基尼系数［J］. 数量经济技术经济研究，2004（5）：120-123.

［15］杜富林，宋良媛，赵婷. 草原生态补奖政策实施满意度差异的比较研究——以锡林郭勒盟和阿拉善盟为例［J］. 干旱区资源与环境，2020，34（8）：80-87.

［16］杜娟，谢芳婷，刘小进，等. 不同群体林农对生态公益林补偿政策的满意度研究——基于江西省南方集体林区的实证分析［J］. 林业经济，2019，41（9）：16-23.

［17］段靖，严岩，王丹寅，等. 流域生态保护补偿标准中成本核算的原理分析与方法改进［J］. 生态学报，2010，30（1）：221-227.

［18］段伟. 保护区生物多样性保护与农户生计协调发展研究［D］. 北京：北京林业大学，2016.

［19］方晏. 福建省重点流域生态保护补偿机制的实践与思考［J］. 中国财政，2018，751（2）：66-68.

［20］冯晓龙，刘明月，仇焕广. 草原生态补奖政策能抑制牧户超载过牧行为吗？——基于社会资本调节效应的分析［J］. 中国人口·资源与

环境，2019，29（7）：157-165.

[21] 傅一敏. 生态文明建设背景下地方林业"政策试验"的新尝试——以福建永安重点生态区位商品林赎买为例 [J]. 环境保护，2017，45（21）：59-64.

[22] 葛察忠，许开鹏. 越南生态保护补偿新举措：森林环境服务收费 [J]. 环境保护，2010（16）：70-71.

[23] 耿翔燕，葛颜祥. 生态保护补偿及其运行机制研究 [J]. 贵州社会科学，2017（4）：149-153.

[24] 龚荣发，曾维忠. 精英俘获与大众俘获存在吗？——来自森林碳江扶贫的经验证据 [J]. 广东财经大学学报，2019，34（1）：60-68.

[25] 郭轲，王立群. 京津冀地区资源环境承载力动态变化及其驱动因子 [J]. 应用生态学报，2015，26（12）：3818-3826.

[26] 郭宁，林剑峰. 加强自然保护区建设筑牢生态安全屏障 [J]. 福建林业，2013（3）：20-21.

[27] 郭晓. 规模化畜禽养殖业控制外部环境成本的补贴政策研究 [D]. 重庆：西南大学，2012.

[28] 韩雅清，杜焱强，苏时鹏，等. 社会资本对林农参与碳汇经营意愿的影响分析——基于福建省欠发达山区的调查 [J]. 资源科学，2017，39（7）：1371-1382.

[29] 韩赜，宋伟，邓祥征. 跨境河流的利益共享及生态保护补偿机制研究进展 [J]. 自然资源学报，2017，8（2）：129-140.

[30] 韩增林，吴爱玲，彭飞，等. 基于非期望产出和门槛回归模型的环渤海地区生态效率 [J]. 地理科学进展，2018，37（2）：255-265.

[31] 郝春旭，赵艺柯，何玥，等. 基于利益相关者的赤水河流域市场化生态保护补偿机制设计 [J]. 生态经济，2019，35（2）：168-173.

[32] 何慧爽，单蓓. 基于机会成本的黄河流域上游地区生态保护补偿标准研究 [J]. 华北水利水电大学学报（社会科学版），2021，37（4）：15-21.

［33］何利，沈镭，张卫民，等．我国自然资源核算的实践进展与理论体系构建［J］．自然资源学报，2020，35（12）：2968-2979.

［34］何文剑，张红霄，汪海燕．林权改革、林权结构与农户采伐行为——基于南方集体林区 7 个重点林业县（市）林改政策及 415 户农户调查数据［J］．中国农村经济，2014（7）：81-96.

［35］何文剑，赵秋雅，张红霄．林权改革的增收效应：机制讨论与经验证据［J］．中国农村经济，2021（3）：46-67.

［36］何学松，孔荣．普惠金融减缓农村贫困的机理分析与实证检验［J］．西北大学学报（社会科学版），2017，17（3）：76-83.

［37］洪燕真，付永海．农户林权抵押贷款可获得性影响因素研究——以福建省三明市"福林贷"产品为例［J］．林业经济，2018（9）：31-39.

［38］侯孟阳，姚顺波．中国农村劳动力转移对农业生态效率影响的空间溢出效应与门槛特征［J］．资源科学，2018，40（12）：2475-2486.

［39］侯一蕾，温亚利，金旻．林业生态建设对山区减贫的影响研究——以湖南湘西土家族苗族自治州为例［J］．湖南大学学报（社会科学版），2014，28（4）：43-50.

［40］胡晓明．基于 InVEST 模型的生态系统服务功能评估与模拟——以今生龙湾自然保护区为例［D］．长春：东北师范大学，2015.

［41］胡仪元．生态保护补偿的理论基础再探——生态效应的外部性视角［J］．理论导刊，2010（1）：87-89.

［42］胡运禄，张明善．中国湿地生态价值评估及生态补偿标准研究［J］．生态经济，2024，40（1）：135-187.

［43］胡振通．中国草原生态保护补偿机制［D］．北京：中国农业大学，2016.

［44］黄超群，梁波，赵琦，等．林农参与生态公益林保护建设意愿的影响因素分析——基于广西的调查数据［J/OL］．云南农业大学学报（社会科学版），1-6［2024-11-06］．http：//kns.cnki.net/kcms/detail/53.1044.

S. 20241030. 1728. 012. html.

[45] 黄海峰，朱雨桐，赵一凡．人力资本投入与农村居民收入差异——基于倾向得分匹配法的分析 [J].农村经济，2018 (8)：43-50.

[46] 贾若祥，高国力．地区间建立横向生态保护补偿制度研究 [J].宏观经济研究，2015 (3)：13-23.

[47] 焦继军．信贷投放与经济增长关系的实证——基于河南省的数据 [J].经济问题，2017 (8)：39-42.

[48] 靳乐山，楚宗岭，邹苍改．不同类型生态保护补偿在山水林田湖草生态保护与修复中的作用 [J].生态学报，2019，39 (23)：8709-8716.

[49] 靳乐山，刘晋宏，孔德帅．将 GEP 纳入生态保护补偿绩效考核评估分析 [J].生态学报，2019，39 (1)：24-36.

[50] 靳乐山，徐珂，庞洁．生态认知对农户退耕还林参与意愿和行为的影响——基于云南省两贫困县的调研数据 [J].农林经济管理学报，2020，19 (6)：716-725.

[51] 景守武，张捷．新安江流域横向生态保护补偿降低水污染强度了吗？[J].中国人口·资源与环境，2018，28 (10)：152-159.

[52] 孔凡斌，阮华，廖文梅．不同贫困程度农户林权抵押贷款收入效应与贷款行为及其影响因素分析——基于 702 户农户调查数据的实证 [J].林业科学，2019，55 (10)：111-123.

[53] 赖敏，陈凤桂．基于机会成本法的海洋保护区生态保护补偿标准 [J].生态学报，2020，40 (6)：1901-1909.

[54] 雷勋平，Robin Qiu，刘勇．基于熵权 TOPSIS 模型的区域土地利用绩效评价及障碍因子诊断 [J].农业工程学报，2016，32 (13)：243-253.

[55] 黎元生．生态产业化经营与生态产品价值实现 [J].中国特色社会主义研究，2018，39 (4)：84-90.

[56] 李飞．构建助力精准脱贫攻坚的横向生态保护补偿机制 [J].新视野，2019 (3)：31-36.

[57] 李广泳，姜翠红，程滔，等．基于地理国情监测地表覆盖数据的

生态系统服务价值评估研究——以伊春市为例 [J]. 生态经济, 2016, 32 (10): 126-129+178.

[58] 李国平, 石涵予. 比较视角下退耕还林补偿的农村经济福利效应——基于陕西省 79 个退耕还林县的实证研究 [J]. 经济地理, 2017 (7): 146-155.

[59] 李国志, 张景然. 矿产资源开发生态保护补偿文献综述及实践进展 [J]. 自然资源学报, 2021, 36 (2): 525-540.

[60] 李国志. 森林生态保护补偿研究进展 [J]. 林业经济, 2019, 41 (1): 32-40.

[61] 李红兵, 新周, 洁曾, 等. 基于 DEA 模型的绿色农业生态保护补偿绩效评价研究——以西安市蓝田县某村落整治项目为例 [J]. 华中师范大学学报 (自然科学版), 2018, 52 (4): 532-543.

[62] 李桦, 郭亚军, 刘广全. 农户退耕规模的收入效应分析——基于陕西省吴起县农户面板调查数据 [J]. 中国农村经济, 2013 (5): 24-31+77.

[63] 李洁, 陈钦, 王团真, 等. 林农森林生态效益补偿政策满意度的影响因素分析——基于福建省六县市的林农调研数据 [J]. 云南农业大学学报 (社会科学版), 2016, 10 (5): 51-57.

[64] 李坦, 徐帆, 祁云云. 从"共饮一江水"到"共护一江水"——新安江生态补偿下农户就业与收入的变化 [J]. 管理世界, 2022 (11): 102-120.

[65] 李文华, 刘某承. 关于中国生态保护补偿机制建设的几点思考 [J]. 资源科学, 2010, 32 (5): 791-796.

[66] 李秀霞, 孟玫. 基于综合承载力的吉林省适度人口分析 [J]. 应用生态学报, 2017, 28 (10): 3378-3384.

[67] 李运海. 生态扶贫助力脱贫攻坚 [N]. 河南日报, 2020-09-16.

[68] 李中元, 杨茂林. 论"生态人"假设及其经济、社会和生态的意义 [J]. 经济问题, 2010 (7): 4-10.

［69］廖新华．将乐县拓宽贫困村村财增收途径的探索［J］．福建农业，2017（10）：23-25.

［70］林秀珠，李小斌，李家兵，等．基于机会成本和生态系统服务价值的闽江流域生态补偿标准研究［J］．水土保持研究，2017，24（2）：314-319.

［71］刘璨，张敏新．森林生态保护补偿问题研究进展［J］．南京林业大学学报（自然科学版），2019，43（5）：149-155.

［72］刘春腊，徐美，周克杨，等．精准扶贫与生态保护补偿的对接机制及典型途径——基于林业的案例分析［J］．自然资源学报，2019，34（5）：989-1002.

［73］刘芳．集中连片特困区农村金融发展的动态减贫效应研究——基于435个贫困县的经验分析［J］．金融理论与实践，2017（6）：38-44.

［74］刘慧，张培洁．基于CVM的国家重点生态功能区生态保护补偿标准测算——以围场县为例［J］．甘肃科学学报，2020，32（5）：145-152.

［75］刘家顺，王广凤．基于"生态经济人"的企业利益性排污治理行为博弈分析［J］．生态经济，2007（3）：63-66.

［76］刘明．丘陵山区资源环境承载力评价研究——以重庆市渝北区为例［J］．农村经济与科技，2017，28（3）：1-5.

［77］刘叶菲，郭同方，吴水荣，等．安徽扬子鳄国家级自然保护区内居民的生态补偿支付意愿及其影响因素研究［J］．湿地科学，2023，21（3）：395-402.

［78］刘振虎，郑玉铜．新疆牧民参与草原生态保护补偿意愿分析——以新疆和静县、沙湾县为例［J］．草地学报，2014，22（6）：1212-1215.

［79］柳荻，胡振通，靳乐山．美国湿地缓解银行实践与中国启示：市场创建和市场运行［J］．中国土地科学，2018，32（1）：65-72.

［80］卢文秀，吴方卫．生态补偿能够促进农民增收吗？——基于2008～2019年新安江流域试点的经验数据［J］．农业技术经济，2023（11）：4-18.

［81］路冠军，刘永功．草原生态奖补政策实施效应——基于政治社会学视角的实证分析［J］．干旱区资源与环境，2015，29（7）：29-32.

［82］吕一河，傅微，李婷，等．区域资源环境综合承载力研究进展与展望［J］．地理科学进展，2018，37（1）：130-138.

［83］罗丽艳．"生态人"假设——生态经济学的逻辑起点［J］．生态经济，2003（10）：24-26.

［84］罗万云，周杨，王小娟．生态公平视域下额尔齐斯河流域生态补偿标准及空间选择研究［J］．生态学报，2024，44（21）：9751-9766.

［85］罗媛月，张会萍，肖人瑞．草原生态补奖实现生态保护与农户增收双赢了吗？——来自农牧交错带的证据［J］．农村经济，2020（2）：74-82.

［86］马橙，高建中，姚畅燕．农户林权抵押贷款的收入效应及其差异性研究［J］．农业现代化研究，2020，41（6）：969-977.

［87］马嘉鸿，兰庆高，于丽红．基于农户视角的农地经营权抵押贷款绩效评价［J］．农业经济，2016（6）：106-108.

［88］毛显强，钟瑜，张胜．生态保护补偿的理论探讨［J］．中国人口·资源与环境，2002，12（4）：38-41.

［89］穆亚丽，冯淑怡，马力，等．农户沼肥还田决策行为及其经济效应评价［J］．自然资源学报，2017，32（10）：1678-1690.

［90］娜仁，陈艺，万伦来，等．中国典型流域生态保护补偿财政支出的减贫效应研究——来自2010～2017年安徽新安江流域的经验数据［J］．财政研究，2020（5）：51-62.

［91］聂承静，程梦林．基于边际效应理论的地区横向森林生态保护补偿研究——以北京和河北张承地区为例［J］．林业经济，2019，41（1）：24-31+40.

［92］宁静，殷浩栋，汪三贵，等．易地扶贫搬迁减少了贫困脆弱性吗？——基于8省16县易地扶贫搬迁准实验研究的PSM-DID分析［J］．中国人口·资源与环境，2018，28（11）：20-28.

[93] 牛坤玉，刘静，郭静利，胡晓燕，周颖，王大庆．农业生态补偿：内涵、要素特征与政策创设 [J/OL]．中国农业资源与区划，https：//link. cnki. net/urlid/11. 3513. S. 20240229. 1402. 010.

[94] 欧阳志云，郑华，岳平．建立我国生态保护补偿机制的思路与措施 [J]．生态学报，2013，33（3）：686-692.

[95] 欧阳志云，朱春全，杨广斌，等．生态系统生产总值核算：概念、核算方法与案例研究 [J]．生态学报，2013，33（21）：6747-6761.

[96] 潘竟虎，尹君．中国地级及以上城市发展效率差异的 DEA-ESDA 测度 [J]．经济地理，2012，32（12）：53-60.

[97] 庞娟，冉瑞平．石漠化综合治理促进了当地经济发展吗？——基于广西县域面板数据的 DID 实证研究 [J]．资源科学，2019，41（1）：196-206.

[98] 乔旭宁，杨德刚，杨永菊，等．流域生态系统服务与生态保护补偿 [M]．北京：科学出版社，2016.

[99] 曲超．生态保护补偿绩效评价研究 [D]．北京：中国社会科学院研究生院，2020.

[100] 屈小娥．中国生态效率的区域差异及影响因素——基于时空差异视角的实证分析 [J]．长江流域资源与环境，2018，27（12）：2673-2683.

[101] 饶清华，林秀珠，邱宇，等．基于机会成本的闽江源生态保护补偿标准研究 [J]．海洋环境科学，2018，37（5）：655-662.

[102] 任以胜，陆林，虞虎，等．尺度政治视角下的新安江流域生态保护补偿政府主体博弈 [J]．地理学报，2020，75（8）：1667-1679.

[103] 任宇飞，方创琳，蔺雪芹．中国东部沿海地区四大城市群生态效率评价 [J]．地理学报，2017，72（11）：2047-2063.

[104] 阮春贤．越南森林环境服务付费对当地社区生计的影响 [D]．北京：中国农业大学，2014.

[105] 尚海洋，宋妮妮，丁杨．生态保护补偿现金方式的减贫效果分析 [J]．统计与决策，2018，34（12）：90-93.

[106] 沈能，王艳. 中国农业增长与污染排放的 EKC 曲线检验：以农药投入为例 [J]. 数理统计与管理，2016，35（4）：614-622.

[107] 盛文萍，甄霖，肖玉. 差异化的生态公益林生态保护补偿标准——以北京市为例 [J]. 生态学报，2019，39（1）：45-52.

[108] 史可寒，刘亚萍，黄哲. 基于峰值模型的生态资源价值估算及偏差修正——以西江流域公益林为例 [J]. 林业经济，2020，42（11）：49-62.

[109] 宋艺瑶，肖秀芳，谢葶葶. 生态扶贫好路子，"卖空气"的碳汇项目助大洪村农户增收 [EB/OL]. https：//www.360kuai.com/pc/98cae53c 9c5ec45e2？cota＝3&kuai_so＝1&sign＝360_57c3bbd1&refer_scene.

[110] 苏芳. 可持续生计 [M]. 北京：中国社会科学出版社，2015.

[111] 汤明，钟丹. 主体功能区视阈下鄱阳湖流域生态共建共享补偿模式研究 [J]. 安徽农业科学，2011，39（13）：8042-8043.

[112] 唐鸣，汤勇. 生态公益林建设对山区农村生计的影响分析——基于浙江省 128 个村的调查 [J]. 中南民族大学学报（人文社会科学版），2012，32（4）：124-129.

[113] 田爽，孟全省. 基于农户视角的生态保护补偿政策绩效评价 [J]. 北方园艺，2018（14）：191-196.

[114] 汪劲. 中国生态保护补偿制度建设历程及展望 [J]. 环境保护，2014（5）：18-22.

[115] 王丹，黄季焜. 草原生态保护补助奖励政策对牧户非农就业生计的影响 [J]. 资源科学，2018，40（7）：1344-1353.

[116] 王德凡. 内在需求、典型方式与主体功能区生态保护补偿机制创新 [J]. 改革，2017（12）：93-101.

[117] 王汉杰，温涛，韩佳丽. 贫困地区政府主导的农贷资源注入能够有效减贫吗？——基于连片特困地区微观农户调查 [J]. 经济科学，2019（1）：108-119.

[118] 王慧杰，毕粉粉，董战峰. 基于 AHP-模糊综合评价法的新安江流域生态保护补偿政策绩效评估 [J]. 生态学报，2020，40（20）：7493-

7506.

[119] 王慧玲，孔荣.正规借贷促进农村居民家庭消费了吗？——基于PSM方法的实证分析 [J].中国农村经济，2019（8）：72-90.

[120] 王济川，郭志刚.Logistic 回归模型——方法与应用 [M].北京：高等教育出版社，2001.

[121] 王金南，马国霞，於方，等.2015 年中国经济——生态生产总值核算研究 [J].中国人口·资源与环境，2018，28（2）：1-7.

[122] 王立安，钟方雷，王静，等.退耕还林工程对农户缓解贫困的影响分析——以甘肃南部武都区为例 [J].干旱区资源与环境，2013，27（7）：78-84.

[123] 王丽佳，刘兴元.甘肃牧区牧民对草原生态补奖政策满意度研究 [J].草业学报，2019，28（4）：1-11.

[124] 王前进，王希群，陆诗雷.生态保护补偿的经济学理论基础及中国的实践 [J].林业经济，2019，41（1）：3-23.

[125] 王权典.基于主体功能区划自然保护区生态保护补偿机制之构建与完善 [J].华南农业大学学报（社会科学版），2010，9（1）：122-129.

[126] 王帅，陈文磊.水生态保护补偿理论及其在三江源国家公园中的实践 [J].中国水利，2020（11）：10-12.

[127] 王西琴，高佳，马淑芹，等.流域生态保护补偿分担模式研究——以九洲江流域为例 [J].资源科学，2020，42（2）：242-250.

[128] 王雅敬，谢炳庚，李晓青，等.公益林保护区生态保护补偿标准与补偿方式 [J].应用生态学报，2016，27（6）：1893-1900.

[129] 王艳慧，钱乐毅，陈烨烽，等.生态贫困视角下的贫困县多维贫困综合度量 [J].应用生态学报，2017，28（8）：2677-2686.

[130] 魏建，尹少华，刘璨.新一轮集体林权制度改革对兼业与非兼业农户收入的影响研究 [J].林业经济，2018（12）：64-71.

[131] 吴江海.新安江生态保护补偿试点亮出"成绩单" [EB/OL].新华网，http：//m.xinhuanet.com/ah/2018-04/14/c_1122681160.htm.

[132] 吴乐，孔德帅，靳乐山. 生态保护补偿对不同收入农户扶贫效果研究 [J]. 农业技术经济，2018（5）：134-144.

[133] 吴乐，孔德帅，靳乐山. 生态保护补偿有利于减贫吗？——基于倾向得分匹配法对贵州省三县的实证分析 [J]. 农村经济，2017（9）：48-55.

[134] 吴乐，覃肖良，靳乐山. 贫困地区农户参与生态管护岗位的影响因素研究——基于云南省两县的调查数据 [J]. 中央民族大学学报（哲学社会科学版），2019，46（4）：80-87.

[135] 吴渊，吴廷美，林慧龙. 黄河源区草原生态保护补助奖励政策的减畜效果评价 [J]. 中国草地学报，2020，42（2）：137-144.

[136] 武建玲. 做好生态扶贫"四篇文章" 打赢打好脱贫攻坚战 [N]. 郑州日报，2020-09-17.

[137] 武丽娟，李定. 精准扶贫背景下金融资本对农户增收的影响研究——基于内部收入分层与区域差异的视角 [J]. 农业技术经济，2019（2）：61-72.

[138] 肖颖，高延清，曹建民. 造血式扶贫对农村居民收入来源的影响——基于 PSM 倾向得分匹配模型的分析 [J]. 东北农业科学，2021，46（1）：125-129.

[139] 谢高地，张彩霞，张雷明，等. 基于单位面积价值当量因子的生态系统服务价值化方法改进 [J]. 自然资源学报，2015，30（8）：1243-1254.

[140] 谢玉梅，徐玮，程恩江，等. 基于精准扶贫视角的小额信贷创新模式比较研究 [J]. 中国农业大学学报（社会科学版），2016，33（5）：54-63.

[141] 邢贞成，王济干，张婕. 中国区域全要素生态效率及其影响因素研究 [J]. 中国人口·资源与环境，2018，28（7）：119-126.

[142] 熊玮，郑鹏，赵园妹. 江西重点生态功能区生态保护补偿的绩效评价与改进策略——基于 SBM - DEA 模型的分析 [J]. 企业经济，2018

（12）：34-40.

[143] 熊雪，聂凤英，毕洁颖．贫困地区农户培训的收入效应——以云南、贵州和陕西为例的实证研究 [J]．农业技术经济，2017（6）：97-107.

[144] 徐爱燕，沈坤荣．财政支出减贫的收入效应——基于中国农村地区的分析 [J]．财经科学，2017，61（1）：116-122.

[145] 徐大伟，李斌．基于倾向值匹配法的区域生态保护补偿绩效评估研究 [J]．中国人口·资源与环境，2015，25（3）：34-42.

[146] 徐建宁．基于 InVEST 模型的小江流域生态系统服务评估 [D]．兰州：兰州交通大学，2016.

[147] 徐丽媛，郑克强．生态保护补偿的机理分析与长效机制研究 [J]．求实，2012（10）：43-46.

[148] 徐素波，王耀东，耿晓媛．生态保护补偿：理论综述与研究展望 [J]．林业经济，2020（3）：14-26.

[149] 徐文斌，郭灿文，王晶，等．基于熵权 TOPSIS 模型的海岛地区资源环境承载力研究——以舟山普陀区、定海区为例 [J]．海洋通报，2018，37（1）：9-16.

[150] 许时蕾，张寒，刘璨，等．集体林权制度改革提高了农户营林积极性吗——基于非农就业调节效应和内生性双重视角 [J]．农业技术经济，2020（8）：117-129.

[151] 许志华，卢静暄，曾贤刚．基于前景理论的受偿意愿与支付意愿差异性——以青岛市胶州湾围填海造地为例 [J]．资源科学，2021，43（5）：1025-1037.

[152] 许忠俊，赖庆奎，文耀荣．易地搬迁集中安置后续可持续发展研究——基于云南省 7 个安置点的调查分析 [J]．农业与技术，2021，41（7）：150-153.

[153] 严有龙，王军，王金满．基于生态系统服务的闽江流域生态补偿阈值研究 [J]．中国土地科学，2021，35（3）：97-106.

[154] 颜海娟，胡小飞，张佳宁．长江经济带 101 个城市生态补偿绩效

的时空格局与协调发展 [J]. 应用生态学报，2024，35（9）：2620-2630.

[155] 杨兰，胡淑恒. 基于动态测算模型的跨界生态保护补偿标准——以新安江流域为例 [J]. 生态学报，2020，40（17）：5957-5967.

[156] 杨清，南志标，陈强强，等. 草原生态补助奖励政策牧民满意度及影响因素研究——基于甘肃青藏高原区与西部荒漠区的实证 [J]. 生态学报，2020，40（4）：1436-1444.

[157] 杨世忠，谭振华，王世杰. 论我国自然资源资产负债核算的方法逻辑及系统框架构建 [J]. 管理世界，2020，36（11）：132-144.

[158] 尹振宇，吴传琦. 乡村振兴背景下农村劳动者培训的收入效应研究 [J]. 调研世界，2021（3）：1-6.

[159] 雍会，孙璐璐，陈作成. 干旱区流域生态经济人缺失与行为塑造研究 [J]. 生态经济，2020，31（5）：142-145.

[160] 余荣卓，蔡敏. 推进闽北生态公益林赎买和保护的方法 [J]. 林业经济问题，2017，37（4）：36-39.

[161] 俞静漪. 自然保护区集体林权制度改革问题探讨 [J]. 浙江林业科技，2009，29（2）：73-76.

[162] 袁梁，张光强，霍学喜. 生态保护补偿对国家重点生态功能区居民可持续生计的影响——基于"精准扶贫"视角 [J]. 财经理论与实践，2017，38（6）：119-124.

[163] 袁伟彦，周小柯. 生态保护补偿问题国外研究进展综述 [J]. 中国人口·资源与环境，2014，24（11）：76-82.

[164] 曾星，刘解龙. 武陵山片区生态保护补偿与精准扶贫协同对接问题研究 [J]. 管理观察，2019（1）：92-94.

[165] 张兵兵，王圆，申广军. 流域横向生态保护补偿与共同富裕 [J]. 世界经济，2024（4）：129-153.

[166] 张诚谦. 论可更新资源的有偿利用 [J]. 农业现代化研究，1987（5）：22-24.

[167] 张化楠，接玉梅，葛颜祥. 国家重点生态功能区生态保护补偿长

效机制研究［J］.中国农业资源与区划，2018，39（12）：26-33.

［168］张婕，刘玉洁，潘韬，等.自然资源资产负债表编制中生态损益核算［J］.自然资源学报，2020，35（4）：755-766.

［169］张炜，张兴.异质性人力资本与退耕还林政策的激励性——一个理论分析框架［J］.农业技术经济，2018（2）：53-63.

［170］张曦文.我国生态扶贫实现"双赢"［N］.中国财经报，2020-12-10.

［171］张旭昆，张连成."交易成本"概念的历史［J］.浙江工商大学学报，2011（5）：70-79.

［172］张学刚.外部性理论与环境管制工具的演变与发展［J］.改革与战略，2009，25（4）：25-27+61.

［173］张益豪，郭晓辉.横向生态补偿能缩小城乡收入差距吗？［J］.经济与管理研究，2024，45（6）：3-18.

［174］张兆鑫，张瑛.林权抵押融资对精准扶贫的影响研究［J］.知识经济，2018（18）：25-26.

［175］张子龙，王开泳，陈兴鹏.中国生态效率演变与环境规制的关系——基于SBM模型和省际面板数据估计［J］.经济经纬，2015，32（3）：126-131.

［176］赵建国，刘宁宁."责任共担"原则下区际协同生态补偿标准研究——以长江经济带为例［J］.数量经济技术经济研究，2024（6）：191-212.

［177］赵晶晶，葛颜祥.生态保护补偿：问题分析与政策优化［J］.福建农林大学学报（哲学社会科学版），2019，22（1）：7-12.

［178］赵薇，李锋.国家公园原住居民生态补偿政策满意度的影响因素研究——以海南热带雨林国家公园为例［J］.旅游研究，2024，16（5）：31-46.

［179］赵雪雁，李巍，王学良.生态保护补偿研究中的几个关键问题［J］.中国人口·资源与环境，2012，22（2）：1-7.

［180］赵哲，白羽萍，胡兆民，等．基于超效率 DEA 的呼伦贝尔地区草牧业生态效率评价及影响因素分析［J］．生态学报，2018，38（22）：7968-7978.

［181］郑德凤，郝帅，孙才志，等．中国大陆生态效率时空演化分析及其趋势预测［J］．地理研究，2018，37（5）：1034-1046.

［182］郑爽．国际碳排放交易体系实践与进展［J］．世界环境，2020（2）：50-54.

［183］支玲，谢彦明，张媛，等．西部天保工程区集体公益林生态保护补偿效益评价——以云南省玉龙县、贵州省修文县、陕西省靖边县为例［J］．林业经济，2017（2）：59-66.

［184］中国 21 世纪议程管理中心可持续发展战略研究组．生态保护补偿：国际经验与中国实践［M］．北京：社会科学文献出版社，2010.

［185］中国生态保护补偿机制与政策研究课题组．中国生态保护补偿机制与政策研究［M］．北京：科学出版社，2007.

［186］周晨，李国平．生态系统服务价值评估方法研究综述——兼论条件价值法理论进展［J］．生态经济，2018，34（12）：207-214.

［187］周俊俊，杨美玲，樊新刚，等．基于结构方程模型的农户生态保护补偿参与意愿影响因素研究——以宁夏盐池县为例［J］．干旱区地理，2019，42（5）：1185-1194.

［188］周升强，赵凯．草原生态补奖政策对农牧户减畜行为的影响——基于非农牧就业调解效应的分析［J］．农业经济问题，2019（11）：108-121.

［189］朱烈夫，殷浩栋，张志涛，等．生态保护补偿有利于精准扶贫吗？——以三峡生态屏障建设区为例［J］．西北农林科技大学学报（社会科学版），2018，18（2）：42-48.

［190］朱仁显，李佩姿．跨区流域生态保护补偿如何实现横向协同？——基于 13 个流域生态保护补偿案例的定性比较分析［J］．公共行政评论，2021，14（1）：170-190+224-225.

[191] ALIX-GARCIA J, JANVRY A D, E E S. The role of deforestation risk and calibrated compensation in designing payments for environmental services [J]. Environment & Development Economics, 2008, 13 (3): 375-394.

[192] BÖRNER J, WUNDER S, Wertz-Kanounnikoff S, et al. Direct conservation payments in the Brazilian Amazon: Scope and equity implications [J]. Ecological Economics, 2010, 69 (9): 1272-1282.

[193] BATES A J. Globalization of water: Sharing the planet's freshwater resources [J]. The Geographical Journal, 2009, 175 (1): 85-86.

[194] BLACKMAN A, PFAFF A, ROBALINO A. Paper park performance: Mexico's natural protected areas in the 1990s [J]. Global Environmental Change, 2015, 3 (1): 50-61.

[195] CARIG E T, GARIG J G, VALLESTEROS A P. Assessment of willingness to pay as a source of financing for the sustainable development of Barobbob watershed in Nueva Vizcaya, Philippines [J]. Journal of Geoscience & Environment Protection, 2016, 4 (3): 38-45.

[196] CHANSARN S. The evaluation of the sustainable human development: A cross-country analysis employing slack-based DEA [J]. Procedia Environmental Sciences, 2014, 20 (3): 3-11.

[197] CHARLIE Z. Landowners and conservation markets: Social benefits from two Australian government programs [J]. Land Use Policy, 2013, 3 (1): 11-16.

[198] CIRIACY-WANTRUP S V. Capital returns from soil-conservation practices [J]. American Journal of Agricultural Economics, 1947, 29 (3): 1181-1202.

[199] CIRIACY-WANTRUP S V. Resource conservation: Economics and policy [M]. Berkeley: University of California Press, 1952.

[200] COSTANZA R D, ARGE R D, GROOT R D. The value of the world's ecosystem services and natural capital [J]. Nature, 1997, 387 (15):

253-260.

[201] COWELL R. Environmental compensation and the mediation of environmental change: Making capital out of cardiffbay [J]. Journal of Environmental Planning and Management, 2000, 43 (5): 689-710.

[202] DAILY G C. Nature's services: Societal dependence on natural ecosystems [M]. Washington: Island Press, 1997.

[203] DAVIS C, NOGUERON R, Javelle A G. Analysis of institutional mechanisms for sharing REDD+benefits: Case studies [R]. Washington: United States Agency for International Development, 2012.

[204] DAVIS R K. The value of outdoor recreation: An economic study of the Maine woods [D]. Cambridge: Harvard University, 1963.

[205] FARE B R, GROSSKOPF S, NORRIS M. Productivity growth, technical progress and efficiency change in industrialized countries [J]. American Economic Review, 1994, 84 (1): 66-83.

[206] FARLEY J, COSTANZA R. Payments for ecosystem services: From local to global [J]. Ecological Economics 2010, 6 (9): 2060-2068.

[207] FERRARO P J, HANAUER M M. Quantifying causal mechanisms to determine how protected areas affect poverty through changes in ecosystem services and infrastructure [J]. Proceedings of the National Academy of Sciences, 2014, 111 (11): 4332-4337.

[208] FONAFIFO C. Lessons learned for REDD+from PES and conservation incentive programs. Examples from Costa Rica, Mexico, and Ecuador [J]. The World Bank, 2012 (1): 164.

[209] GEBEL M, VOßEMER J. The impact of employment transitions on health in Germany. A difference-in-differences propensity score matching approach [J]. Social Science & Medicine, 2014 (2): 128-136.

[210] HAUNREITER E, CAMERON D. Mapping ecosystem services in the sierra nevada, CA [J]. The Nature Conservancy, California Program, 2001, 12

（1）：16-32.

［211］HOLDREN J P，EHRLICH P R. Human population and the global environment ［J］. The Population Debate Dimensions & Per-spectives，1974，62（3）：282.

［212］HYDE W F，YIN R. 40 years of China's forest reforms：Summary and outlook ［J］. Forest Policy and Economics，2018，9（8）：90-95.

［213］KOSOY N，MARTINEZ-TUNA M，MURADIAN R，et al. Payments for environmental services in watersheds：Insights from a comparative study of three cases in Central America ［J］. Ecological Economics，2007，61（2）：446-455.

［214］LIU C，LIU H，WANG S. Has China's new roundof collective forest reforms causedan increaseinthe use of productive forest inputs? ［J］. Land Use Policy，2017（64）：492-510.

［215］LIU M，YANG L，BAI Y，et al. The impacts of farmers' livelihood endowments on their participation in eco-compensation policies：Globally important agricultural heritage systems case studies from China ［J］. Land Use Policy，2018，77（9）：231-239.

［216］MENDOLA M. Agricultural technology adoption and poverty reduction：A propensity-score matching analysis for rural Bangladesh ［J］. Food Policy，2007，32（3）：372-393.

［217］MORANA D，VITTIEA A M，ALLCROFTB D J. Quantifying public preferences for agri-environmental policy in Scotland：A comparison of methods ［J］. Ecological Economics，2007，63（1）：42-53.

［218］MORENO-SANCHEZ R，MALDONADO J H，WUNDER S. Heterogeneous users and willingness to pay in an ongoing payment for watershed protection initiative in the Colombian Andes ［J］. Ecological Economics，2012，7（5）：126-134.

［219］NEERA M，SINGH. Payments for ecosystem services and the gift paradigm：Sharing the burden and joy of environmental care ［J］. Ecological Economics, 2015, 117 (9): 53-61.

[220] OBST C, HEIN L, EDENS B. National accounting and the valuation of ecosystem assets and their services [J]. Environmental and Resource Economics, 2004, 64 (1): 1-23.

[221] ODEDOKUN M O. Supply-leading and demand-following relationship between economic activities and development banking in developing countries: An international evidence [J]. Singapore Economic Review of Development Finance, 1992, 37 (1): 46-58.

[222] ODRICKS R S. Working for water programme in South Africa [EB/OL]. http://www.teebweb.org/wp-content/uploads/2013/01/Working-for-Water-Programme-in-South-Africa.pdf.

[223] OKIBO B W, MAKANGA N. Effects of micro finance institutions on poverty reduction in Kenya [J]. International Journal of Current Research and Academic Review, 2014, 2 (2): 79-95.

[224] PAGIOLA S, ARCENAS A, PLATAIS G. Can payments for environmental services help reduce poverty? An exploration of the issues and the evidence to date from Latin America [J]. World Development, 2005, 33 (2): 237-253.

[225] PAGIOLA S. Payments for environmental services in Costa Rica [J]. Ecological Economics, 2008, 65 (4): 712-724.

[226] PARENTE S. A model of technology adoption and growth [J]. Economic Theory, 1997 (6): 405-420.

[227] PERROT-MATRE D. The vittel payments for ecosystem services: A "perfect" PES case? [R]. London: Project Paper, 2006.

[228] PORRAS I, BARTON D N, MIRANDA M. Learning from 20 years of payments for ecosystem services in Costa Rica [J]. International Institute for Environment and Development, 2013 (35): 12-15.

[229] REWILAK J. The role of financial development in poverty reduction [J]. Review of Development Finance, 2017, 7 (2): 169-176.

[230] ROMER D. Advanced macroeconomics [M]. Shanghai: Shanghai University of Finance and Economics Press, 2014.

[231] SAND I V D, MWANGI J K, NAMIREMBE S. Can payments for ecosystem services contribute to adaptation to climate change? Insights from a watershed in Kenya [J]. Ecology and Society, 2014, 19 (1): 221-234.

[232] SCHWARZE H, PANHUYS C V, DIEKMANN K. Protecting people and the environment: Lessons learnt from Brazil's Bolsa Verde, China, Costa Rica, Ecuador, Mexico, South Africa and 56 other experiences [R]. Geneva: International Labour Organization, 2016.

[233] SIERRA R, RUSSMAN E. On the efficiency of environmental service payments: A forest conservation assessment in the Osa Peninsula, Costa Rica [J]. Ecological Economics, 2006, 59 (1): 131-141.

[234] TALLIS H, POLASKY S. Mapping and valuing ecosystem services as an approach for conservation and natural-resource management [J]. Annals of the New York Academy of Sciences, 2009, 1162 (1): 265-283.

[235] VAN-HECKEN G, BASTIAENSEN G, VáSQUEZ W F. The viability of local payments for watershed services: Empirical evidence from Matiguás, Nicaragua [J]. Ecological Economics, 2012, 74 (2): 169-176.

[236] WILSON M A, CARPENTER S R. Economic valuation of fresh-water ecosystem services in the United States: 1971-1997 [J]. EcolAppl, 1999, 9 (3): 772-783.

[237] WOOLDRIDGE J M. Econometric analysis of cross section and panel data [M]. Cambridge: MIT Press, 2002.

[238] WUNDER S. Payments for environmental services and the poor: Concepts and preliminary evidence [J]. Environment and Development Economics, 2008, 13 (3): 279-297.

[239] ZBINDEN S, LEE D R. Paying for environmental services: An analysis of participation in Costa Rica's PSA Program [J]. World Development,

2005, 33 (2): 255-272.

[240] ZHAN J, CHU X, LI Z. ncorporating ecosystem services into agricultural management based on land use/cover change in Northeastern China [J]. Technological Forecasting and Social Change, 2019, 14 (4): 401-411.

[241] ZHANG Z Y, SHU H T, YI H. Household multidimensional energy poverty and its impacts on physical and mental health [J]. Energy Policy, 2021, 5 (6): 16-33.